复旦卓越·21世纪酒店管理系列

休闲宴会设计
理论、方法和案例

潘雅芳 主编　单文君 副主编

TWENTY-FIRST CENTURY
HOTEL MANAGEMENT SERIES

U0276868

 复旦大学 出版社
www.fudanpress.com.cn

编著单位

浙江树人大学

浙江世贸君澜大饭店

杭州西湖国宾馆

浙江西子宾馆

海南七仙岭君澜度假酒店

江苏欧堡利亚大酒店

海南香水湾君澜大酒店等

编写人员

潘雅芳　单文君　韩　丽　陈思宇

韩　琦　颜颖华　吴俊霖　周群力

杨国荣　陈明亮　林　琳　等

前言
QIAN YAN

　　《休闲宴会设计：理论、方法和案例》是由浙江树人大学和浙江世贸君澜大饭店、杭州西湖国宾馆、浙江西子宾馆、海南七仙岭君澜度假酒店、江苏欧堡利亚大酒店、海南香水湾君澜大酒店等高星级酒店合作编著完成的，是浙江树人大学校企合作应用性课程和教材建设的成果。本教材可用作旅游管理、酒店管理本、专科专业相关课程的理论教学和高星级酒店宴会工作人员培训的教材和参考书。

　　《休闲宴会设计：理论、方法和案例》课程是休闲与餐饮管理专业学生能力构建的支撑课程之一，即把它归类为专业的核心课程。本课程主要落实学生对休闲宴会的设计和策划能力、运作和管理能力。通过本课程的学习，学生毕业后能在高级休闲度假饭店、高级私人会所和俱乐部从事各类休闲主题宴会的设计、策划、运作管理工作，为学生成为高级宴会服务师、休闲宴会设计师奠定基础。

　　《休闲宴会设计：理论、方法和案例》课程以技能为核心、以知识为基础、以管理提升学生综合能力为指南，结合国家职业技能鉴定考核的标准。本着适中、实用、实践的原则，教材的选用和编写打破了传统教材编写的条框，摒弃重理论、轻实践的模式，以项目为导向，采用模块组合的方法，由简到繁、由易到难、循序渐进、图文并茂，按学生的认识规律和操作顺序排列，既方便教学，又提高学生的实际操作能力和实践水平。同时，为了体现教材科学性、规范性、先进性和实用性的原则，在选择教学内容和编写教案过程中，力图将宴会设计的最新研究成果融入课程体系中，将设计理论与最近几年来的宴会设计典型案例融合在一起。在内容安排上分为三大部分：第一部分休闲宴会理论篇，让学生掌握休闲宴会的基本概念、特点、作用、类型、沿革，国内外休闲宴会理论与实践的发展现状及趋势以及休闲宴会设计的内容与模式。第二部分是方法篇，以项目为导向，让学生基本掌握中西休闲宴会的策划设计方法和技能，初步具备休闲宴会策划和设计的基本素质与能力。第三部分案例篇，是休闲宴会项目的具体策划设计方案，由杭州西湖国宾馆、浙江西子宾馆、浙江世贸君澜大饭店、海南七仙岭君澜度假酒店、江苏欧堡利亚大酒店、海南香水湾君澜大酒店等酒店提供的各种类别的休闲宴会策划最新成果。学生通过此篇章的学习，可以进一步完善本课程的知识体系、深化对休闲宴会项目策划和设计过程的认识，实现理论与实践的零距离转换。三个部分的内容环环相扣、层层递进，使休闲宴会设计的课程内容架构趋于科学合理。

　　本书的分工情况如下：潘雅芳副教授负责第3章、第5章、第7章的编写；单文君老师负责第1章、第6章的编写；韩丽老师负责第2章的编写；陈思宇老师负责第4章的编写。在案例篇中，第8章案例由浙江西子宾馆提供；第9章案例由杭州西湖国宾馆提供；第10章案例由浙江世贸君澜大饭店提供；第11章案例由海南七仙岭君澜度假酒店提供；第12章案例由江苏欧堡利亚大酒店提供；第13章由海南香水湾君澜大酒店提供；第14章由浙江树人大学2008级旅游管理专业陈婧、盛婷婷、蔡芳芳、费乐欢、高踏虎等同学策划提供，教材整体内容由潘雅芳老师统筹梳理。

　　书中如有疏漏不当之处，敬请广大读者不吝赐教。

目/录
MU LU

第三部分　案　例　篇

第 一 部 分

理 论 篇

第一章 认识休闲宴会

开篇案例

国宴亦可如此休闲

美国总统奥巴马于2015年7月24日抵达其祖籍国肯尼亚展开为期三天的访问,其间不仅就同性恋权益等问题展开了讨论,还在晚宴上与肯尼亚乐队大秀了一段舞蹈。

图1.1 肯尼亚总统欢迎奥巴马晚宴

当地时间7月25日晚,肯尼亚总统乌胡鲁·肯雅塔设国宴欢迎奥巴马。奥巴马在国宴上与非洲嘻哈乐队Sauti Sol大秀了一段当地最近很火的舞蹈。当晚,奥巴马出席活动时心情大好,与著名的非洲嘻哈乐队"智慧之声"互动时,接受了主唱的邀请,和他们一起跳舞。奥巴马当场请教"我该怎样跳?",得到的答复是"很简单。你只要这样,从右到左,再从左到右,转圈,再转圈"。肯尼亚媒体指出,奥巴马之所以具有如此出色的舞蹈天赋,是因为他获得了出生在肯尼亚的老奥巴马的遗传。老奥巴马当年是一名学霸,是美国哈佛大学的硕士。奥巴马长大后也在哈佛大学求学。另外,老奥巴马来自该国第二大部族卢奥族,这个民族以擅长歌舞、有音乐细胞著称。

【问题】什么是休闲宴会?它是宴会的一种趋势还是宴会的一种形式?如何体现宴会的休闲特质?

第一节　休闲宴会的定义

时至今日，宴会作为一种社会现象广泛存在于各类社会群体之间。宴会是社会物质文明和精神文明程度的标志，是人们对美好生活的追求与向往，更是人们追寻群体生活的直接表现。本节将探讨宴会与休闲宴会的定义，在体验经济和宴会大众化趋势之下，休闲宴会将代替传统宴会成为主角。

一、宴会的定义

对传统宴会概念的释义，多年来研究者们从各自的角度给出了不同的看法。

解释1：宴会就是在普通用餐的基础上发展起来的最高级用餐形式，是国际交往中常见的礼遇活动之一，是集饮食、社交、娱乐为一体的活动。

解释2：宴会一般是由国家政府机构、团体主办，但也有以个人名义举办的，具有一定的政治性质和较为讲究礼仪程式的招待会。

解释3：宴会是多人聚餐的饮食方式之一，也是一种特殊的聚餐方式。

解释4：宴会是为了表示欢迎、答谢、祝贺、喜庆等而举行的一种隆重的、正式的餐饮活动。

以上定义或以偏概全，或将宴会等同于餐饮、聚餐，未对宴会作出合理准确的解释。在对宴会界定概念前，应该首先明确传统宴会的几大特征属性。

特征1：社会交往是宴会的本质属性，也是人们赴宴的根本目的。无论是婚宴、寿宴、周岁宴，还是国宴、家宴、商务宴，其本质就是某一主题之下的社会交往，通过聚餐用餐这一载体，实现人与人之间的沟通、交流。若为了"吃喝"而去赴宴，那是餐饮，绝不是宴会。

特征2：多人聚餐是宴会的另一大特征。可见，宴会有人数上的限定，两人以上，上不封顶。近年来，千叟宴、万人龙虾宴等大型宴会层出不穷，这对宴会主办方软硬件条件都是一大挑战。

特征3：计划性是宴会的第三大特征。宴会要成功举办，事先的计划安排必不可少。即便更加亲民大众化的家宴、同学宴，对宴会的举办地点、时间、人员、菜品都要做详尽的策划安排，更别提对各个环节都十分讲究的国宴和商务宴了。

综合以上特征，我们可以对传统宴会做如下定义：**宴会就是人们为了社会交往的需要，通过精心计划安排而举行的群体聚餐活动。**

二、休闲宴会的定义

休闲之事古已有之。休闲的一般意义是指两个方面：一是消除体力的疲劳；二是获得精神上的慰藉。将休闲上升到文化范畴则是指人的闲情所致，为不断满足人的多方面需要而处于的文化创造、文化欣赏、文化建构的一种生存状态或生命状态。它通过人类群体共有的行为、思维、感情，创造文化氛围、传递文化信息、构筑文化意境，从而达到个体身心和意志的全面、完整的发展。休闲发端于物质文明，物质文明又为人类提供了闲暇、伴生了闲情逸致。

可见，**休闲宴会是物质文明发展到一定阶段的产物**。在物质文明和精神文明积累到一定阶段的今天，宴会不再是鸿商富贾的专属，而是大众皆可享受的产品。中央八项规定六项禁令的出台，无疑在一定程度上加快了这一趋势。

此外，**休闲宴会更加强调文化性**。从宴会主题的选择到宴会菜单、台面、环境、服务、娱乐项目等的设计应处处渗透着文化气息，让与宴者被厚厚的文化氛围所萦绕，暂时忘却生活纷扰，享受当下。

最后，**休闲宴会强调互动与体验**。传统宴会更加专注于打造一场视觉和味觉的盛宴，而休闲宴会则注重视觉、听觉、味觉、嗅觉、触觉等五感的综合平衡，通过五感的享受不仅消除体力疲劳，更能获得精神慰藉，真正达到休闲的目的。因此，色彩搭配、音乐选择、娱乐项目的设置等环节更需要精心设计，休闲宴会更讲求设计性。

综上所述，**休闲宴会是人们为了社会交往的需求，选择合适的主题，精心设计安排而举行的包含文化性和充满互动体验的大众化群体聚餐活动**。休闲宴会不是传统宴会的某个类型，而是社会文明发展到一定阶段的产物，是传统宴会的发展趋势。

三、休闲宴会的特征

休闲宴会作为传统宴会发展到一定阶段的产物，不仅具有传统宴会的一般特征，也具有属于自己的个性化特征。

（一）一般特征

1. 计划性

计划性是指实现宴会的手段。在社会交往活动中，人们举宴设筵都是为了实现某种目的的需要。举办宴会者对宴会有总体的谋划。例如，办什么规格的宴会？办多大规模的宴会？宴请哪些客人与会？举办宴会的场所定在哪里？宴会中需要穿插一些什么活动？宴会要达到的理想状态与效果是什么？例如，承办一个大型宴会，宴会设计师要根据主办者的要求，对方方面面的工作进行整体规划与细节设计，如菜单设计、菜品制作、宴会厅场景布局、台型设计、台面摆设、接待礼仪、服务规程、运转流程等。一次成功的宴会，首功在宴会设计。因此，一个好的宴会设计师，应该具有烹饪学、营养学、美学、管理学、心理学、民俗学、工程学等多学科的知识素养，具有很高的规划设计水平和管理水平，具有敬业精神和创新意识。

2. 社交性

社交性是指宴会的作用。人们的社会交往需要是决定宴会存在的本质属性。宴会作为社会交往的一种工具被人们广泛应用于社会生活中，发挥着独特的作用。宴会是人们表达好客尚礼德行的有效方式。"有朋自远方来，不亦说乎。"设宴款待，把酒言欢，是热情好客的挚诚，是尚德崇礼的需要。

宴会是凝聚群体、亲和人际关系、融合情感的黏合剂。在周代，宴享是周天子笼络诸侯和贵族的重要手段。《毛诗序》云："鹿鸣，燕群臣嘉宾也，既饮食之，又实币帛筐筐以将其厚意，然后忠臣嘉宾得尽其心矣。"可见周天子也没有忘记他们，常把整个熟牲畜肢解成小块肉置于俎中，分赠给他们，让更多不能参加宴会的人能分到一块肉吃，为臣者自然感激涕零、倍加尽忠了。

我国云南哈尼族，每年过十月年即农历十月的第一个属龙日，历时五六天，村寨里举行盛大的街心宴，各家各户都争相献上自己的看家好菜，以展示自己的烹调手艺，如猪肉、鸡肉、鱼、鸭、牡蛎、鳗鱼、墨鱼、牛肉干巴、麂子干巴等，准备好酒，抬到指定的街心摆放起来，一家摆一两桌，家家户户的桌子连着桌子，摆成街心宴，由于其弯弯曲曲，蜿蜒似龙，俗称"长龙宴"，又因其从街头摆到街尾，绵延十几米至几百米（云南省元阳县哈尼族的长龙宴则由2 000多桌连接而成，长达3 000米），故又称为"长街宴"。

每到年关岁末，或是逢庆典纪念活动，不少大型公司举办"尾牙宴""庆典宴"，动辄数百上千人，场面异常壮观。

借助宴会，让一个村子、一个社会的乡亲邻里，或一个单位的同事聚集在一起，大家互通信息、彼此交流，联络了感情，增进了友谊，使人与人之间形成了和谐的关系。在中国人的日常社会交往中，小范围、小规模的请吃和吃请是更为多见的现象，这类筵宴少了拘谨，多了从容，少了客套，多了真诚，更能敦睦亲情、友情，增强亲和力。

（二）个性化特征

1. 文化主题性

休闲宴会讲求通过文化氛围的营造，让与宴者真正融入其间，获得身心的真正放松。从餐厅的布置到宴会设计、服务员的装饰、菜肴的命名、餐具的配套、音乐的安排、艺术的表现，都将围绕宴会的主题，努力创造理想的宴会艺术境界，给客人以美的艺术享受，使客人产生愉快欢乐的情绪和难以忘怀的美好印象。

休闲宴会里，阳春白雪式的贵族宴会可以成为主题宴会，而下里巴人的平民宴会也可成为主题宴会中的一族。主题本身并无高低贵贱之分，主题的本质是文化。文化的雅和俗、文化的新和旧、文化的中和西，与主题的吸引力和产品的价格毫无关联，关键在于文化的独特性、唯一性和对口性。一个好的主题宴会，不仅是本身所具有的文化主题的高度凝结，形成一类主题文化的中心；同时，也是传统文化与现代文化的凝结。它能使传统文化、现代文化和自身主题文化相得益彰，同时又进一步形成不断的文化创新。如湖北武汉猴王大酒店注重从文化作品中挖掘精华，以此作为树立形象的直接手段。该酒店由店名"猴王"直接想到了中国古典名著《西游记》中王母娘娘招待各路仙人。因此，该店从这个传说中找到发展契机，本着"出新、出奇、出特、出名、出效益"的原则，以昔日美猴王大闹天宫，搅乱了王母娘娘的蟠桃盛宴，今日美猴王要重建蟠桃盛宴,奉献至尊宴席,创造崭新菜式,为弘扬古老而又年轻的中华饮食文化作出"齐天"之贡献为宗旨,成功推出了第一届"蟠桃宴美食节",受到各界的欢迎。"蟠桃宴"在借鉴中国各大菜系、地方名肴和西洋菜之精华的基础上,填补了中国古典名著人文宴席独缺"西游宴"这一历史空白,具有较高的文化、经济价值。此后,"蟠桃宴"不断发展创新,在蟠桃宴这一母体下已推出了"花卉宴""水帘洞宴""昆虫宴"三大新秀宴席,还将推出"天宫宴""地府宴"等,形成了系列产品,在当地称为餐饮文化一绝。

因此,休闲宴会整个氛围的营造、内部装修、台面创意、菜肴设计、音乐选择、服务方式等到处都可透出浓厚的文化气息,这就为文化竞争提供了强有力的基础,满足了现代顾客更多的精神上的享受。没有文化就谈不上生命力,更缺乏竞争力。因此,追求文化底蕴和文化含量,正在成为休闲宴会行业竞争的共同行为。

2. 互动体验性

只有结合五感的身临其境才能让人印象深刻,只有与宴者参与互动才能令人回味无穷。如果说传统宴会是一边就餐一边欣赏表演,那么休闲宴会则是一边就餐一边自我表演,而且自我表演的砝码更重。与宴者在休闲宴会中既是观众也是演员,而休闲宴会设计方要设法让每一位与宴者成为本出"戏"的主角。所以,传统宴会中所无视的服务流程设计和娱乐项目设计在休闲宴会中应大做文章。

3. 大众化

在人们消费水平稳步提升的今天,休闲宴会已不再是高大上的东西,而是人人都能消费得起的产品。自2013年中央推行"八项规定""六项禁令",餐饮宴会行业纷纷走上大众化之路,自费消费逐步占主导地位,而自费消费中传统的婚宴、生日宴则占主流。

第二节　休闲宴会的种类

从上一节可知,休闲宴会已然有别于传统宴会,更大众化、更具主题性和文化性,也更注重与宴者的互动体验。这节将讨论休闲宴会的分类方法并对相关休闲宴会做简要介绍。

一、按休闲宴会菜式分或就餐形式分

按照休闲宴会菜式或就餐形式可分为中式休闲宴会、西式休闲宴会以及中西合璧式休闲宴会。此种分类方式关注的是就餐内容、就餐形式和服务方式,可作为休闲宴会选定时的初级分类方案,几乎所有休闲宴会均可归为以上三种类别。

（一）中式休闲宴会

中式休闲宴会是指采用中国餐具、使用中国菜肴、摆中国式台面、采用中国式服务、反映中国宴饮习俗的宴会。

此种休闲宴会传承了中国几千年的餐饮和宴会文化，无时无刻不透露着中国的文化气息。菜品的选择上采用中式食材，讲求色香味型俱全；遵循先冷后热、先菜后点、先荤后素的出菜顺序；采用中式传统的共餐制进食方式，基本使用圆形台面；服务员服装多着旗袍，桌布、口布等布草色彩浓艳，细节处常以中国结、中国祥云、景泰蓝花纹做装饰。

中式菜肴变化多端、令人回归无穷，中式休闲宴会古朴典雅、文化底蕴深厚，一直以来都是国内消费者的首选。另外，餐桌上公勺、公筷的出现和使用，也让越来越多的国外消费者跃跃欲试。

（二）西式休闲宴会

西式休闲宴会是指摆西式餐台、用西式餐具、吃西式餐菜、按西餐礼仪服务的宴会。西式休闲宴会是个较为笼统的概念，根据不同国别的菜式和服务方式，又可以分出若干种，如法式休闲宴会、俄式休闲宴会、英式休闲宴会、日式休闲宴会等。狭义的西式休闲宴会是指欧美国家的宴会。其主要特点如下：肉为主食，佐以酱料；采用分餐制；台面较为复杂，用刀叉勺进食；遵循开胃菜—汤—副菜—主菜—甜点—饮料的上菜程序；服务员着装较为现代；席间播放背景音乐。

有时西式休闲宴会还会辅以前奏——鸡尾酒会和尾声——餐后酒会，借以拉长时间，令宾主尽情享乐。

（三）中西合璧式休闲宴会

中西合璧式休闲宴会是指根据某种特定的需要，将中式休闲宴会与西式休闲宴会结合起来的宴会。

这是从分餐制发展演变过来的一种中式宴会方式，即随着我国对外交往的增多，在宴会中依据国外宾客生活习惯而逐渐产生的进餐方式。其特点为：分餐制，刀叉勺筷一并用上；菜品以中式菜肴居多，偶尔穿插西式菜肴或西式烹调方式；装盘、菜单结构、上菜方法偏重西式；注重台面花台的设计。

二、按休闲宴会档次与接待规格分

此种分类方法以档次与接待规格为划分依据，从上至下依次为国宴、商务宴会，以及家宴、便宴等休闲宴会。

（一）国宴

国宴有两种形式：一是以国家名义举行的庆祝国家重大节日如国庆节等而举行的宴会，由党和国家领导人主持，邀请驻华使节、外国驻华的重要机构、记者及国家各有关部门的负责人，还有人大、政协、群众团体代表、劳动模范等出席的宴会；二是以国家名义邀请来访的国家元首或政府首脑出席的宴会。国宴的特点是：出席者的身份高，接待规格高，场面隆重，政治性强，礼仪严格，工作程序规范、严谨等。

我国国宴历史悠久，早在《周礼》《仪礼》《礼记》中已有奴隶制国家王室为招待贵宾而举行国宴的记载。汉代张骞通西域，西域各国也派使节回访长安。乌孙遣使送张骞归汉，并献马报谢。元鼎二年（公元前115年），张骞携使节还。当时群臣因为该用什么样的礼仪（国、臣、邦、属）对待西域诸国而争论不休。汉武帝说："宴之国赐。"众臣恍然大悟，于是一次宴会下来，大家俱欢，这通常也可以看作国宴一词有明确国礼定义的开始。

在长期实践中，北京人民大会堂举行的国宴活动以继承、发展中餐宴会优良传统为基础，吸取了国际上一些好的惯例，不断进行探索和改革，逐渐形成了以中餐菜点为主、中西餐具合璧、单吃分食为特点的具有人民大会堂特色的宴请服务形式。

（二）商务宴会

商务宴会通常是指因为商业需要而举办的活动，多为合作伙伴之间或公司之间为某项业务（如洽谈会、签合约、庆祝某项合作等）而举办的宴会，也有公司因为某项重大业务获得成功，为答谢员工而举办的宴会。此种宴会是一种高规格的、讲究排场、气氛隆重的宴会，注重宴会设计以及与宴者的礼仪规范。

（三）家宴、便宴等休闲宴会

家宴是家庭成员相聚的宴饮活动，而便宴则是用于日常友好交往的形式简便、较为亲切随和的宴会。此种宴会的特点是休闲温馨、亲切随和，不设特定对象，无论是达官显贵、社会名流，还是平民百姓，皆可参加，注重的是情感的沟通，如生日宴、同学宴、谢师宴、中秋家宴等。

三、按休闲宴会功能性分

休闲宴会功能性是指为何种事件举办宴会，常见的有婚宴、生日宴、商务宴、节庆宴、庆贺宴、同学宴、谢师宴、尾牙宴等。以下将对各类休闲宴会做简单介绍。

（一）婚宴

婚宴是指为了庆祝结婚而举办的宴会，在中国婚宴通常称作喜酒。古今中外，婚宴大都在婚礼仪式结束后举行，但各地文化差异较大，婚宴习俗也不尽相同。婚宴是喜庆、圆满、爱情的象征，因此中式宴会（图1.2）常选用红色以示喜庆圆满，而西式宴会（图1.3）则常用白色基调象征纯洁的爱情。

图1.2　中式传统婚宴　　　　　　　　图1.3　西式婚宴

（二）生日宴

生日宴即为庆贺某人的生日而举办的宴会，其中寿宴、周岁宴、满月宴、百日宴、冠礼宴、笄礼宴等较为常见。生日宴反映了人们祈求康乐长寿的愿望。寿宴常采用金色、黄色为宴会主色调，而周岁宴、满月宴、百日宴等儿童生日宴则多选用卡通主题。

冠礼和笄礼都是成人礼，前者用于男性，后者用于女性。如今，越来越多重视中国传统文化教育的家庭会选择在子女成人之际举办此种休闲宴会（图1.4）。

图1.4 现代成人礼

（三）商务宴

商务宴是指公司之间或团体之间为增进往来、洽谈合约、签订事项而举办的隆重而正规的宴会。此种宴会往往是为宴请专人而精心安排的、在比较高档的饭店或是其他特定的地点举行的、讲究排场及气氛的大型聚餐活动，对于到场人数、穿着打扮、席位排列、菜肴数目、音乐弹奏、宾主致辞等，往往都有十分严谨的要求和讲究。

（四）节庆宴

节庆宴是人们为欢庆节日而举办的宴会。中国传统的中秋、七巧、重阳、除夕、春节，现代的五一、国庆，以及西方的圣诞节、情人节、万圣节等节日，均可举宴设席，欢庆节日。

（五）庆贺宴

庆贺宴是指企事业单位或个人为庆贺各种典礼活动或特别有意义的事件而举办的宴会。如企业的开业庆、周年店庆，某项目或工程的开工庆、获奖庆，某学校的校庆，个人荣进升迁的烧尾宴、乔迁新居的乔迁宴、金榜题名的科举宴等。

（六）同学宴

同学宴可以是即将毕业的饱含激情与不舍的"散伙饭"，也可以是多年后同窗相聚细数点滴的"毕业×周年宴"。同学宴在设计的时候既要回忆往昔也要展望未来，同学情、师生情贯穿宴会始终。

（七）谢师宴

谢师宴，也叫升学宴，是学生为表达对老师的感谢与不舍而举行的宴会。尊师重道是中国几千年来的传统美德，孩子升学了，家长总要感谢一下老师，谢师宴也就应运而生。这一宴会类型在中国较为常见，多见于每年七八月间，此时正值高考、中考结束，多年的寒窗苦读，莘莘学子终于挤过了"独木桥"，马上就要进入梦寐以求的"象牙塔"。录取通知书拿到手了，家长们心里一颗悬着的石头落地，多年的心血终于见到了回报。孩子就要远行，家长不舍；孩子上大学，家长脸上又添光。谢师宴成了社会的潮流，你请我请大家请，于是，"升学宴"就如七八月的天气一样火热起来。

感谢的同时，攀比、炫富等心理也会同时滋生，谢师宴拿捏不好容易变味。因此，谢师宴始终在争议声中曲折前行。

（八）尾牙宴

"尾牙宴"原来是指商家希望来年生意兴隆，准备好酒好菜给土地公"打牙祭"，祈求得到保佑。如今，"尾牙"逐渐演变成企业在年终酬谢员工的庆典，即年终总结大会或团拜会。在腊月十六前后，大小企业都要举行隆重的宴会和联欢会。董事长、总经理这些平常难得一见的大老板都会亲自出席，有的还会携带家属。他们往往一改平常严肃、刻板的面孔，打扮成影视作品或童话故事中的人物，与全体员工同乐。丰盛的晚餐后便是大联欢和抽奖，公司老总、员工和嘉宾们一起唱歌跳舞、表演节目、自娱自乐，中间插科打诨，烘托气氛。

 扩展阅读

尾牙宴的由来

尾牙宴是闽南地区的汉族民俗文化。二月初二为最初的做牙，叫作"头牙"；十二月十六是最后一个做牙，所以叫"尾牙"。尾牙是商家一年活动的"尾声"，也是普通百姓春节活动的"先声"。这一天，台湾地区一般平民百姓家要烧土地公金以祭福德正神（即土地公），还要在门前设长凳，供上五味碗，烧经衣、锡纸，以祭拜地基主（对房屋地基的崇拜）。各商家行号也要在当天大肆宴请员工，以犒赏过去一年的辛劳。以前，如果老板在来年不准备续聘某一名员工，便在筵席中以鸡头对准他，暗示解聘之意。不过，这种风俗已绝迹。除了近年来日益盛行的尾牙聚餐外，按传统习俗，全家人都围聚在一起"食尾牙"。主要的食物是润饼和刈包。润饼系以润饼皮卷包豆芽菜、笋丝、豆干、蒜头、蛋燥、虎苔、花生粉、香茄酱等多种食料。刈包里包的食物则是三层肉、咸菜、笋干、香菜、花生粉等，都是美味可口的乡土食品。

在台湾地区的企业，以及有台湾投资方背景的大陆沿海等地的企业，在年底前，会举办全体员工吃团圆饭的宴会，这个宴会就叫尾牙宴。在广州、深圳等地台企里颇为盛行。例如：台湾首富郭台铭的企业富士康（台湾地区称鸿海）每年都会在大陆和台北举行2次尾牙，期间不仅会抽出数百万的现金大奖，还邀请林志玲、蔡康永、伍佰等艺人主持或表演。

四、按休闲宴会文化主题分

目前,文化主题性是休闲宴会的一大特点,宴会要体现大众化休闲特征,文化主题的营造不可或缺。休闲宴会主题名目繁多,具有代表性的有中式仿古文化主题、地方文化主题、食材文化主题等。

（一）仿古宴

仿古宴是为弘扬古代饮食文化和中华传统文化而专门设计的把古代非常有特色的宴会与现代文明相融合的宴会。著名的仿古宴有扬州的红楼宴、乾隆御宴,西安的仿唐宴,北京的满汉全席,山东的孔府家宴,开封的宋菜宴,以及近年来各地盛行的千叟宴等。

 扩展阅读

仿古宴之红楼宴

《红楼梦》诞生于18世纪中叶,它是满汉文化、南北文化相互碰撞、吸收融合的典范,是中国明末清初时期贵族生活的真实历史画卷。就是在这部傲立于世界文学之林、被誉为中国封建社会"百科全书"的鸿篇巨制中,曹雪芹用了将近三分之一的篇幅,描述了众多人物丰富多彩的饮食文化活动:"就其规模而言,则有大宴、小宴、盛宴;就其时间而言,则有午宴、晚宴、夜宴;就其内容而言,则有生日宴、寿宴、真寿宴、省亲宴、家宴、接风宴、诗宴、灯谜宴、合欢宴、梅花宴、海棠宴、螃蟹宴;就其节令而言,则有中秋宴、端阳宴、元宵宴;就其设宴地方面言,则又有劳园宴、太虚幻境宴、大观园宴、大厅宴、小厅宴、怡红院夜宴等,令人闻面生津。"通过各种各样的宴集,曹雪芹不仅为读者提供了一张未穷尽的美食单,更重要的是为我们创造了一个完整的红楼饮食文化体系(图1.5)。

《红楼梦》作者曹雪芹及其家庭与扬州有深厚的历史渊源,曹家居南京、扬州60多年,红楼宴的开发责无旁贷地落在扬州烹饪文化界的肩上。

图1.5 《红楼梦》宴会剧照

红楼宴的设计立足于红楼文化整体的一部分进行再创造，以发扬光大《红楼梦》所代表的文化传统、审美意识、文化蕴含，对餐厅、音乐、餐具、服饰、菜点、茶饮等项进行综合设计，使人恍如置身于《红楼梦》中的大观园中。红楼菜以其美味、丰盛、精致见长，给人以高层次饮食文化艺术的享受，名扬海内外。红楼宴菜单如下。

一品大观：有凤来仪、花塘情趣、蝴蝶恋花。

四干果：栗子、青果、白瓜子、生仁。

四调味：酸菜、芥酱、萝卜炸儿、茄鲞。

贾府冷菜：红袍大虾、翡翠羽衣、胭脂鹅脯、酒糟鸭信、佛手罗皮、美味鸭蛋、素脆素鱼、龙穿凤翅。

宁荣大菜：龙袍鱼翅、白雪红梅、老蚌怀珠、生烤鹿肉、笼蒸螃蟹、西瓜盅酒醉鸡、花篮鳜鱼卷、姥姥鸽蛋、双色刀鱼、扇面蒿秆、凤衣串珠。

怡红细点：松仁鹅油卷、螃蟹小饺、如意锁片、太君酥、海棠酥、寿桃。

水果：时果拼盘。

（二）食材宴

食材宴是指以某样或某几样食材为菜品主料和宴会主题而举行的宴会。此种宴会菜品原料可以是珍贵食材，也可以是地方或当季特色食材。如全素宴、药膳宴、全羊宴、河蟹宴、燕窝宴、西安饺子宴等。

（三）地方文化宴

地方文化宴顾名思义即为弘扬地方文化、汲取地方特色饮食习俗、凝练地方风味特色设计而成的主题宴会。我国幅员辽阔、民族众多，千百年来形成了各地独特的地方文化宴席，著名的洛阳水席、成都田席、哈尼族长街宴、西湖十景宴、川菜宴、淮扬席等均属此种类型。

休闲宴会设计的前提是明确休闲宴会的主题和类型，即根据休闲宴会的就餐形式、接待规格、功能性、文化主题等分类依据进行类型的划分。任何一场休闲宴会均是以上四种分类类型的聚焦。

 篇尾案例

杭州仓前羊锅宴

"掏羊锅"在杭州余杭仓前已有100多年的历史。过去，仓前葛巷村有许多农户专门从事活羊收购、羊肉屠卖的活儿。羊肉卖完，羊头、羊脚、"肚里货"（内脏）之类的杂碎只能自己留着吃。自家吃不完，往往邀请隔壁邻居、亲戚朋友，一桌人边吃酒，边叙家常，边从锅里掏着吃。掏上来什么吃什么。当羊杂水淋淋香喷喷辣乎乎地出锅的时候，

给人以味蕾和视觉的强烈享受。传统的"掏羊锅"用的是木锅，水是井水，羊杂落锅后要被压上石头焖熬2个多小时，高汤里面加入茴香、桂皮、老姜、黄酒等佐料，比例都是有讲究的。这一习俗由此延续下来，"掏羊锅"也成了仓前一道独特的"农家食文化"。

它的来历，有一种说法是和乾隆有关。乾隆下江南，游至仓前龙泉寺，饥饿难耐。遇上仓前街上卖羊肉的羊老三，羊老三好客，何况见这几位客人气宇轩昂，热情地请他们到家里吃饭，没想到家里老婆没准备什么好菜蔬，情急之下，羊老三只好"掏羊锅"。原来，仓前卖羊肉的，长年用一只锅子烧制羊肉，半爿半爿羊放在锅里烧，这锅老汤不用起底，一直用。时间一长，总有羊杂碎遗落在锅里。若把那些羊肚、羊脚、羊肠、羊杂碎掏起来吃吃，味道相当鲜美的。羊老三情急之下，就用上了这一招。果然，乾隆吃得心满意足，银两付得足足的。羊老三只道是碰上了慷慨富商。不料一个月后，知县敲锣打鼓，送来了乾隆回京后御书的"羊老三羊锅"牌匾，再赏三百两白银。自此，大家都来尝"御羊锅"，羊老三就发了"羊财"，而仓前掏羊锅，也就上了名堂。

2006年，仓前镇政府举办了"太炎故里·首届仓前羊锅节"，让广大民间烧羊锅的高手们，以"羊锅一条街"的形式同台展示手艺，并结合其他文化艺术形式，开展"仓前羊锅节"，大获成功。

以后，基本上每年的11月11日开始举办羊锅节，为期一个月。

仓前镇政府还专门搜集整理了"乾隆皇帝掏羊锅"等多个有关"掏羊锅"的民间传说和故事，创编了小品《乾隆掏羊锅》和舞蹈《羊锅乐》等文艺节目，增添了"羊锅节"的文化内涵。

近年来这个村因"吃文化"而声名鹊起。每到秋冬时节，葛巷村一带家家户户羊肉飘香，各地游客食客慕名而来，常有私家车将道路堵得水泄不通（图1.6）。

【问题】仓前羊锅宴属于哪种休闲宴会？与商务宴会相比，此种宴会有何异同？

图1.6 仓前羊锅宴

第二章 休闲宴会的历史沿革与发展趋势

 开篇案例

"仿宋寿宴"惊杭城

2001年3月18日，日本人南作则先生和他的同学准备为他们的老师小池先生75岁大寿（在日本，逢5为生日大寿）祝寿。杭州是南宋时的都城，南方大酒店向客人推荐了仿宋宴。酒店有关人员仔细研究了《梦粱录》《随园食单》等古代菜肴方面的书籍，并参照《红楼梦》等对古代家族寿宴的描写进行布置。为达到逼真的效果，寿宴的餐具全部采用南宋官窑的碎瓷；服务员着宋代服装。

酒家总经理胡忠英说，宴席追求的是原汁原味宋菜，所以当代才有的许多高档原料如深海产的苏眉鱼、大龙虾之类他们是不用的，最高档的菜点也就是燕窝做的"官燕鸡面"和鱼翅做的"甲第增辉"，其他还有"诗卷长流"（蟹黄烧茭白）、"乌龙绞柱"（海参）、"一鹤冲天"（炉焙鸡）、"肘底藏花"（烤羊腿）、"神驼骏足"（青海驼蹄）、"糟决明"（小鲍鱼）。几十款菜肴中，不少是宋朝时的名菜，其中素菜就占了2/5，其素菜肴中，不少是宋朝时的名菜。

3月18日，南方大酒店二楼餐厅被古色古香的喜庆寿堂、供台、筵席区、歌舞区、演奏区划分有致，对联、寿烛、檀香、寿桃、供品摆放有序，寿宴从上午10时开始，至晚上10时结束，共分两餐。仅供品就有全部素菜制成的10种"素斋供"、2种"喜寿面"、1种"吉祥点"、4种"鲜生果"、4种"蜜糖饯"。早餐有9种"到奉点心"，午餐、晚餐有30道热菜及多种冷菜、点心、水果。菜单精致，程序严谨，菜名虚实相间，引经据典，信手拈来，无不风雅。

【问题】我国古代休闲宴会发展历史和特点是什么？历史上著名的休闲宴会有哪些？

第一节　欧洲休闲宴会的历史沿革

一、古典时代

欧洲的古典时代主要受希腊文明与古罗马文明的影响，阐述着前期的昌盛繁荣和后期的盛极而衰。在这个极具奴隶制社会特色的历史时期，休闲宴会表现出了以下三个特点。

（一）休闲宴会极致奢靡

公元前 1 世纪彼得罗尼斯的《情狂》是最早描写有关宴会的书籍，在他的笔下，把古罗马时期的休闲宴会场景（图 2.1）呈献出来。举办宴会的主人特里马尔丘穿着猩红色的袍子，珠光宝气一身，斜躺在理应安排给最尊贵的客人的躺椅上，就着甜葡萄酒开始了第一道菜的享用，随后，客人们在奴隶的侍奉下用葡萄酒洗完手，便进入了宴会的高潮。此时，乳猪、兔子、海鲜、香肠络绎不绝，无论烹饪技法还是餐饮器具，抑或是奴隶们细心周到的服务，皆令人惊叹。这一切的描述无疑不在揭露古罗马时期宴会的奢靡。

图 2.1　古罗马休闲宴会场景

（二）赋予社会功能

早在古希腊，休闲宴会便不仅仅是满足人们的生理需求，而是社会政界成员间极力表示内部团结的场所，肩负着一定的社会功能。每一次宴会的参与者都是价值观相近、权力相当的显赫集团的成员。整个宴会被分为两个阶段：进食和会饮，吃饭与喝酒被视为独立而又彼此相连的两个部分。当男人们享用完面包片、餐前小吃、鲜鱼和烤小绵羊肉之后,桌子上的一切都撤走,用"在酒里加水"的仪式开始会饮(symposion)阶段。这是一个男人的小世界,宴会主席大权独揽,决定着宴会的话题和进程。这类宴会热闹非凡,音乐、舞蹈、哑剧、竞赛、抽奖,花样百出。

(三)阶级特征明显

古典时代的休闲宴会也表现出了强烈的社会等级。到公元1世纪的罗马社会,阶级在休闲宴会中体现得更加明显,赋予了更多的礼仪礼节。这些礼仪礼节在服饰、座位安排、菜单等方面一一体现。安迷亚纳斯·马瑟里拉斯曾在书中写道:"他们的礼仪观是,一个陌生人接到赴宴的邀请后即便是杀了亲兄弟也不能借故缺席。"晚餐前,参与宴会的人必须要清洗手脚,穿特殊的衣服,甚至在一次宴会中更换几次礼服。宴会的座位安排严格按照社会等级和个人身份,不同等级的人用餐位置相互隔离,饭菜也有很大差别。

除了礼仪礼节以外,古罗马时期的休闲宴会相较于古希腊时期还有其他两点差别:第一,女人也获得了参加宴会的资格,并在酒会阶段接受着男人们的祝酒;第二,海产品不再是宴会主角,更多肉食被推上了餐桌,人们享用着精致的、低营养、促进新陈代谢的食物,乐此不疲。

皇帝举行的御宴把古罗马的休闲宴会推向了极致奢靡的高潮,直至公元410年,匈奴可汗阿提拉洗劫罗马,随后古罗马帝国东西分裂,社会动荡不安,大小宴会也随之支离破碎,古典时代的欢宴到此暂告段落。

二、中世纪时期

欧洲中世纪,尤其是公元5世纪的黑暗时代,战争充斥着整个欧洲,奢华欢愉的休闲宴会也自然逐渐减少。

11世纪教会的出现进一步约束了休闲宴会的发展。教会教化人们脱离野蛮的习俗,倡导纯洁的生活,把生活中的纵欲倾向当成罪恶,反对奢华和狂欢。宗教对宴会的影响除了约束其场面外还有餐桌上的美食(图2.2)。

基督教徒一年中三分之一的日子要斋戒,鱼变成了欧洲人最常吃的食物。天主教14世纪把星期天定为禁肉日,人们就改吃鱼,鲱鱼、鳕鱼等销量大增。在这个时期,宴会大部分与宗教祭典有关。

然而,虽然中世纪的战争和宗教约束了休闲宴会的发展,但却无法阻碍食物种类的丰富和烹饪技术的提高。中世纪前期,农村人口增加,土地、森林、河流资源得到充分利用,为欧洲人餐桌上的食材提供了来源。烹饪与酿酒技术的精进使葡萄酒、果酒、啤酒出现在了历史舞台,佐以红酒的精美糕点也琳琅满目。

中世纪休闲宴会黄金时代出现在中世纪晚期。《中古及近代文化史·节事》一节叙述1454年勃艮第公爵的一个"雉之誓"的大宴,其烹调艺术之惊人、宴会之盛大是空前的。宴会举行之前就发出邀请,主人届时要在家里热情宴请客人,厨房有丰盛的

Xiu Xian Yan Hui She Ji Lun Fang Fa He An Li

图2.2　中世纪的宴会场景

食品，饮食需几个小时，吃喝以后有跳舞及假面舞会。宴会大厅里摆着三个餐桌，第一桌是招待教会的，旁边有钟，有乐队唱歌。第二桌有九种令人惊奇的景象，比如，做一只大鸟，鸟腹中有28个音乐家在歌唱；又如客人正在宴饮时，有一阿拉伯人骑大象进入大厅，象背上安放一个塔，塔中有一个修女披着白缎、穿着黑衣，从塔里走出来。厅上还有12名贵妇人穿着红色缎子衣服，歌唱她们所代表的各种美德。其排场之大、设计之奇，令人目瞪口呆。这样的大型宴会在当时的欧洲并不算少数。更重要的是，中世纪休闲宴会上的饮食仅仅是整个活动的组成部分之一，这些活动总会持续几天，招待几百人甚至上千人。

此类记载反映出中世纪晚期欧洲休闲宴会的三个特点。

（一）活动内容丰富

这样的休闲宴会筹备期可能长达几个月，宴会前必然有庆典游行、马术比赛、小丑表演等，在宴会开始时也会有余兴节目穿插其中，金光闪闪的舞台和技艺超群的装饰物更让整个宴会大放异彩。

（二）服饰艳丽奢华

参加这样盛大的休闲宴会，无论是宾客还是斟酒人，都会身着隆重的服饰。鲜红的帽子、绣花的丝绸、金色的丝线以及昂贵的貂毛都是人们参加宴会的选择。这种对宴会的敬意一直延续到了现在的欧洲。

（三）食物以大取胜

如在一只大鸟肚中放一只天鹅、天鹅肚中放一只家鹅、家鹅肚中再放一只鸡、鸡肚中放一只百灵，然后把它们放到火上去烤制，烤好以后加上调料，宴会开始后，把这样做成的大鸟大鱼等摆好，由健仆把它们放到轿子里供人欣赏，然后再摆在桌子上供客人就餐。

三、文艺复兴时期

文艺复兴时期的休闲宴会相较于中世纪发生了巨大的变化，再次推动了欧洲休闲宴会的发展。

（一）宴会菜单更加丰富

中世纪的菜单在几百年间都没有发生改变，而这一切在600年前的文艺复兴时期得到了加速变化。这一时期，科学和古典精粹散发着其独有的魅力感染着所有人，形成了一种人文气息，宗教教义受到质疑，教会走向没落，享乐主义对抗着教会的禁欲主义。同时，美洲的大发现及对香料群岛的殖民为欧洲带来了巧克力、番茄、土豆、火鸡等食物。与这个新食材相伴而来的是对宴会的新态度。奢侈浪费的饮食观被健康所替代，食物变得简单、清淡、少调味，蔬菜在诱人的附加菜中更加凸显，反季的蔬菜水果很受欢迎，如1月的豌豆或者芦笋被认为是顶级的奢侈品。同时，由于对古代遗物的兴趣，一些在古罗马时代曾经上过餐桌的食物如松茸、鱼子酱等一一复兴，甚至至今仍然是西餐菜单中昂贵的菜品。

（二）餐后甜点必不可少

对这一时期休闲宴会影响最大的是从中东进口的调味品——糖。糖在中世纪非常昂贵，到了文艺复兴时期变得越来越廉价，人们开始在宴会餐桌上随意挥霍，甚至用糖做成餐具和仿真水果。宴会后，还赠予女士戒指、项链等糖饰物。除了正餐时间外的所有时间，都会有甜食供应，奶油、果冻、土耳其软糖、冰激凌等数不胜数的甜点随时为宾客享用。

（三）餐桌礼仪不断完善

在这一时期，晶莹剔透的玻璃器皿在餐桌上露面，叉子和刀子开始普及。更令人惊叹的是手帕的折叠艺术。17世纪安东尼奥·拉梯尼的著作《现代炊事员》和马蒂亚·基吉尔的《旅程》述说着这种艺术的奇妙。一大堆餐布被叠成轮船、城堡、鲸鱼、孔雀以及无法辨认的抽象图案，这些复杂的造型都会用针线来固定。这些作品深受欧洲人喜爱，有些折手帕的工匠靠每天挨家挨户叠手帕为生。另外，餐桌礼仪也开始被重视。为了彻底赶走几百年来意大利餐饮文化的"恶性入侵"，法兰西在路易十四王室的主导下开始一场厨房的革命，使法国人告别了中世纪餐桌上的粗暴无礼，为优雅的法国大餐奠定了基础（图2.3）。17世纪《餐桌礼仪》一书就是最好的证明。

（四）宴会上社会等级制度严明

17世纪中期，在巴黎科学大会和罗马科学大会上，法国取代了意大利成为欧洲美食霸主，法兰西王国以此成为古希腊和古罗马文化的正统继承者。在法国菜为欧洲美食建立了新秩序之时，法国国王用餐桌文化建立了集权主义的新秩序，国王好比建造

图2.3　路易十四的餐桌

凡尔赛宫一样精心经营着餐桌上的权力、秩序和等级。

路易十四的鼎盛时期，王家礼仪繁琐而盛大，君主的餐桌也演变成宗教仪式一样的圣坛。路易十四的每次宴会需动用300名宫廷侍从，用穷奢极欲的豪华仪式把国王神圣化，餐桌成为新的圣坛，国王成为人间的神。这时，国王的餐桌上，或者说新的圣坛上出现了庄严神圣、辉煌精美的礼器：

宝船。路易十四的餐桌上，摆放着两艘纯金的宝船，一艘宝船装着国王专用的餐具：汤勺、餐巾、盐罐、试毒角（犀牛角或独角鲸的角）。另一艘宝船装着湿纸巾，还有一个金匣子，里面锁着各种餐具。宝船是最高权力与王家礼仪的象征，一旁永远守卫着三名全副盔甲的武士。路过的男人要对宝船脱帽，女人则要行礼——哪怕国王不在场。国王的权力与王家的礼仪通过礼器得到最大体现。

餐桌，或者说圣坛，宣告着国王的神圣与至高无上的地位，宝船与什锦盒等餐桌礼器的出现，象征着秩序与等级，禁止贵族的僭越与民众的离经叛道。

四、工业革命时期

（一）"日不落"帝国实现了各国休闲宴会文化的交融

文艺复兴完善了法国的餐桌礼仪，而工业革命则造就了英国的宴会文化。随之而来的是各国的饮食文化和宴会文化的交融。伴随着工业革命的是农业的没落，而国际贸易和殖民掠夺解决了这一问题。各种珍品从帝国辽阔疆土的边缘运来，增加该国可烹饪原料的种类，造就了维多利亚时代的盛宴。

　扩展阅读

维多利亚时代的盛宴

维多利亚时代，正式的宴会已成为一种注重社交礼仪的场合。在19世纪末期，宴会通常在晚上七点半或八点半开始举行。客人们一般准时出席，即使迟到也不应超过十五分钟。农村地区由于交通不便可以例外。宴会开始前，来宾们聚在客厅内闲谈，这时主人会告诉每位男士将陪同哪位女士共进晚餐。

20

在这种场合中，夫妇一般不在一起，而是与他人交谈、用餐。客人到齐后，宴会正式开始。尽管菜品琳琅满目，但客人却不可能遍尝所有美味。人手一份的菜单使客人对于上菜顺序一目了然。

布菜时，客人会告诉端着盘盏侍立两旁的仆佣自己是否需要一份。主人的男管家则会为每道菜提供相应的佐酒。男女主人都不向来宾劝酒让菜。举止得体的客人们一般不在餐桌上评价菜肴，而是把话题集中在其他方面。

在宴会进行中，仆人始终侍立左右，但必须表现出对席间的谈话置若罔闻。宴会结束时，仆人把餐桌清理干净，用餐刀刮掉台布上的碎屑，然后在每个席位摆上洗指碗（餐后供洗手用的器皿）、甜品盘和新换的酒杯。上过甜品后，仆人方可离去。

女宾在用过甜点后即离开餐厅到客厅聊天，男宾则留下来喝几杯白兰地，谈一些共同感兴趣的话题。但这段时间不会太长，然后他们到客厅与女宾一起享用茶点。客人一般在晚上十点半到十一点之间告辞离开。

（二）俄式进餐方式受到人们喜爱

在进餐方式上，传统的法国式进餐缺点显现，比如谈话会在别人请求把盘子递过去时被打断、热菜会冷掉，以及不可避免地，食物会掉在桌布上，这些缺点使俄国式进餐这种"新"方法浮出水面。俄式进餐服务由一名服务员完成整套服务程序。服务员从厨房里取出由厨师烹制并加以装饰后放入银制菜盘的餐品和热的空盘，将菜盘置于西餐厅服务边桌之上，用右手将热的空盘按顺时针方向从客位的右侧依次派给顾客，然后将盛菜银盘端上桌子让顾客观赏，再用左手垫餐巾托着银盘，右手持服务叉勺，从客位的侧面按逆时针方向绕台给顾客派菜。俄国式供应的晚餐意味着极有品位地装饰着鲜花和水果的餐桌，以及糕点商艺术的成功。热菜被切成一块块地提供给客人，它虽然没有被分解成如法餐的三个阶段，却将菜肴按合理的顺序分成一道一道。厨房负责雕刻工作，桌布也不会被弄脏。这种进餐方式虽不如法国式那么严谨和高格调，却弥补了法式进餐的种种缺点，被广泛使用起来。

五、近现代时期

（一）餐桌礼仪逐渐简化

20世纪前，以法国菜为主流的西方休闲宴会毕恭毕敬的用餐礼仪在现在来看让人觉得不可思议，诸如刀叉严格的使用方式、餐巾只能用来擦拭嘴或手指的油渍等。这些严格的规定即便在现在的法国也未得到完全的继承。在两次世界大战以后，伴随着社会风气的变革和经济生活水平的提高，礼仪文化逐渐向大众化、世俗化发展，西方休闲宴会的礼节也日趋简单化。

另外，第二次世界大战后美国人以胜利者的姿态对许多领域进行了革新，对西方世界产生很大影响。只要说到美国人，大家便会和"随性"联系起来，这种"随性"的态度在用餐时也得以体现。例如在正式的西餐宴会中，美国人尽可能地用一只手使用刀或叉，而把另一只手搁在膝上。用右手叉完土豆条后，需切肉时便把叉放到旁边，右手拿刀切，切完以后放下刀，又用右手去叉肉；需要喝饮料时，放下刀或叉，还是用右手去取饮料⋯⋯这样不断使用同一只手是以前欧洲人所不能允许的。这种简单化的宴会餐桌礼仪已经更多地为年轻一代所接受。

（二）饮酒方式自由多样

正如我们所知，法国、葡萄牙等西方国家对饮酒要求十分严格，喝什么样的酒配何种菜肴以及什么场合喝哪一种酒，都是有固定的习俗与讲究的，如今这些礼俗也都比过去淡化了。取而代之的是鸡尾酒会。鸡尾酒会通常以酒类、饮料为主招待客人。一般酒的品种较多，并配以各种果汁，向客人提供不同酒类配合调制的混合饮料即鸡尾酒，同时还备有小吃，如三明治、面包、小鱼肠、炸春卷等。这类酒会悠闲随意，没有严格的礼仪约束，也不会有人命令你吃什么、怎么吃，服装也无须特别讲究。酒会间宾客可以随意走动互相熟识，轻松自在的氛围让这种休闲宴会形式很快根植于欧洲酒文化之中。

虽然现代的休闲宴会礼仪更加简化，但这并不意味着可以不遵守餐饮礼仪。尤其是在正式的公务场合或宴会上，遵守礼仪是自身良好修养的体现，也是对其余宾客的尊重。

第二节　中国休闲宴会的历史沿革

我国的休闲宴会习俗最初起源于一系列宗教祭祀仪式，随后根据各地区、各民族的饮食习惯而各有不同。我国五千年历史中，古代宴饮规模不断扩大，水平日趋提高。但无论以何种规模何种水平出现，无外乎以下四种类型：其一，各民族的民间家宴；其二，文人雅士的社交酒宴；其三，官宦士大夫的阶层宴席；其四，朝廷举办的官宴国宴。

一、先秦时期

对于宴会起源于何时的问题众说纷纭，大部分学者认为，在夏朝宴会的雏形已经出现。虽然夏朝所遗留下来的文献极少，与宴会相关的更是凤毛麟角，但从考古所挖掘出来的食器和中国现存最早的科学文献《夏小正》中可以发现当时的饮食文化。在长达近2 000年的夏商周时期，宴会开始萌芽，时代特点显著。

（一）宴会与祭祀紧密联系

夏商时代宴会活动的最大特点就是与祭祀结合在一起，与祭祀相关的宴会休闲放松的功能体现不明显，并不能完全算作休闲宴会。原始氏族部落宗教演变为王权垄断宗教，王权与神权合一，尊神之风无处不在，这种风气在殷商表现得最为突出。《左传·成公十三年》中所记载的"国之大事,在祀与戎"充分表现了商人对祭祀的重视,频繁隆重的祭祀加上惊人的杀牲数量在我国历史上极为罕见。据甲骨文记载,王室一次祭祀曾用香酒一百坛,祭祀完毕后,那些丰盛的"祭物"自然成为殷王与陪祭人的一次宴飨了。

不过这一特色在紧随而来的周朝并没有得到延续。由于周人"事鬼敬神而远之",各类宴会名正言顺为"活人"而设,出现"大射礼""乡饮酒礼""公食大夫礼"等名目,祭祀色彩逐步淡化。

(二)食器酒器品类繁多

在夏朝末期已经出现了少量青铜器,但真正普及是在商朝和周朝。青铜器陆续出现,大大丰富了宴会的食器与酒器。其造型之奇特、工艺之精美、气魄之雄伟,为世人所感叹。此时的青铜饮食器一般分为烹饪器(图2.4)、设食器(图2.5)、酒器(图2.6)三种。烹饪器用于煮食和调味,主要有鼎、鬲(lì)、甗(yǎn)等。鼎是煮肉和盛肉的器具,在当时,用鼎食肉是权势和身份的象征,不同身份使用的鼎数不同,正所谓"天子九鼎,诸侯七,卿大夫五,元士三也"。各级鼎的盛放物亦有规定,如天子的第一鼎盛牛,以下盛羊、猪、鱼、肉铺、肠胃、肪、鲜鱼、鲜腊;诸侯鼎则去后面两味;卿大夫的第一鼎盛羊,以下为猪、鱼、腊、肠;而士则仅有猪、鱼、腊。设食器是用来盛饭菜和进食的器具,主要有豆、敦、盂等。每一种食器分别用来装盛不一样的食物,如豆就是用来盛

鼎　　　　　　　　　　　鬲　　　　　　　　　　　甗

图2.4　夏商时期烹饪器

豆　　　　　　　　　　　敦　　　　　　　　　　　盂

图2.5　夏商时期设食器

第二章　休闲宴会的历史沿革与发展趋势

| 尊 | 卣 | 爵 | 角 | 觯 | 盉 |

图2.6　夏商时期酒器

放肉酱的。当然，好酒的商人所使用的酒器更是种类繁多。有喝酒用的爵、斝（jiǎ）、瓿，存酒用的壶、卣（yǒu）、罍（léi），还有盛酒、调酒、温酒用的。如爵，其形圆腹，前有倾酒用的流，后有尾，旁有把手，口上有两柱，底部有三个尖高足，可以放在火上温酒。另外，商代已经有了用于取酒用的勺，一般为短圆筒形，有一个长长的柄。

降及战国，食器更甚。湖北随县曾侯乙墓出土的青铜冰鉴、炙炉、九鼎八簋，还有其他金制酒器，都是与著名的65件大编钟配套的宴飨实物，从其典雅精美的程度可以看出，2 400多年前的中国宴会餐具已经有了很高的审美价值。

（三）酒乐侑食风靡一时

夏商两代皆爱饮酒，酒的消耗量惊人。民间"族食、族燕之礼"，要"以酒以合三族"。祭祀则"既载清酤，赉我思成，亦有和羹"。这些在多部史书中都有记载，其中以纣王嗜酒的记载最多。《史记·殷本纪》称其"以酒为池、悬肉为林，使男女裸相逐期间，为长夜之饮"。《史记正义》引《太公六韬》解释说："纣为酒池，回船槽丘而牛饮者三千余人为辈。"《尚书·酒诰》中"严诞唯民怨，庶群自酒，腥闻而上，故天降丧于殷"等记载也反映除了商朝统治者是如何因酒误国的。其实嗜酒误国者不仅只有纣王，夏桀也是其中之一。他从早到晚杯不离手，喝的酒要十分清澈，稍有混浊厨师便人头落地。他特别宠爱妹喜，为得她欢心，便驱使成千上万奴隶日夜建造琼台瑶室，修起"肉山酒海"，荒耽于酒。到了周代，受到了夏、商两代嗜酒误国的教训，饮酒之风退减。当时的酒精饮料有酒、醴和鬯，酒精含量均不高。

配美酒佳肴的还有乐舞。据文献记载，早在夏商时期，宴席上便已盛行乐舞侑酒。《礼记·少仪》中就有"凡饮酒为献主者，执烛抱燋，客作而辞，然后以授人。执烛不让，不辞、不歌"的记载。重大的宴会中，贵族们妆饰鸟兽道具，翔舞其间，"群臣相持唱于庭"。商代的乐舞与夏相比更是有过之而无不及。其中最著名的当数商纣王，其靡靡之音在《殷本纪》《说苑·反质》等中皆有记载。大约在西周后期，宴饮活动便有了席间自舞娱宾一说。《诗经》中的《伐木》《鹿鸣》《南有嘉鱼》等都是当时的宴歌。

（四）制度礼仪详尽烦琐

夏商对食器等级的细致划分就能够看出当时对礼制的重视。到了周代，这种礼制变得更加复杂。

1. 宴会等级制度鲜明

周公制礼作乐，严格按等级制确定宴会的规格，更加正规。其著名休闲宴席如"大射礼""乡饮酒礼""公食大夫礼"等，都对菜品的数量和种类做了严格要求，是以菜品数量决定宴会等级的起源。同时，用餐程序也更加细致。

2. 宴会接待程序翔实

《礼记·乡饮酒义》中对乡饮酒之义的记载："主人拜迎宾于庠（xiáng）门之外，入，三揖而后至阶，三让而后升，所以致尊让也。盥洗扬觯（zhì，一种盛酒用具），所以致洁也。拜至，拜洗，拜受，拜送，拜既，所以致敬也。尊让洁敬也者，君子之所以相接也。君子尊让则不争，洁敬则不慢，不慢不争，则远于斗辨矣；不斗辨则无暴乱之祸矣，斯君子之所以免于人祸也，故圣人制之以道"，将这一点表现得淋漓尽致。乡饮酒礼是敬老宴的一种，三年举行一次，60岁享用3道菜、70岁享用1道菜、80岁享用5道菜、90岁享用6道菜，接待程序包括谋宾（确定名单）、戒宾（发柬邀请）、陈宾（布置餐厅）、迎宾（降阶恭迎）、献宾（敬酒上菜）、作乐（唱诗抚琴）、旅酬（挽留客人）、无算爵与无算乐（连续欢饮）、送宾（列队奏乐），以及次日客人登门答谢等，大部分程序仍沿用至今。

3. 宴会礼仪禁忌复杂

《礼记·曲礼》中记载："奉席如桥衡，请席何乡，请衽（rèn）何趾。席南乡北乡，以西方为上，东乡西乡，以南方为上。""若非饮食之客，则布席。席间函丈，主人跪正席，客跪抚席而辞，客彻重席，主人固辞，客践席，乃坐。主人不问，客不先举。将即席，容毋怍（zuò），两手抠衣，去齐尺，衣毋拨，足毋蹶。""凡进食之礼，左殽（yáo，同肴）右胾（zì，切成大块的肉）。食居人之左，羹居人之右。脍炙处外，醯（xī，醋）酱处内，葱渿（nài）处末，酒浆处右。以脯修置者，左朐（qú，干肉）右末。客若降等，执食兴辞，主人兴辞于客，然后客坐。主人延客祭，祭食，祭所先进，殽之序，遍祭之，三饭，主人延客食胾，然后辩殽，主人未辩，客不虚口。""共食不饱，共饭不泽手。毋抟（tuán，捏成团）饭，毋放饭，毋流歠（chuò，一口气喝下去），毋咤（zhà，舌口作声）食，毋啮骨，毋反鱼肉，毋投与狗骨，毋固获，毋扬饭。饭黍毋以箸，毋嚃（tà，囫囵吞咽）羹，毋絮羹（调味），毋刺齿，毋歠醢（hǎi，肉酱）。客絮羹，主人辞不能亨。客歠醢，主人辞以窭（jù，主人也要道歉）。濡肉齿决，干肉不齿决，毋嘬炙。卒食，客自前跪，彻饭齐，以授相者。主人兴辞于客，然后客坐。"对休闲宴会礼仪禁忌做了非常详尽的说明。如入席前要从容安详，不要掀动上衣，脚不能发出声响；进食时不要只顾自己吃饱；用手抓饭前要洗手；不要啃骨头，不要把骨头扔给狗吃；吃饭的时候不能发出声响；不要当着主人的面调味等。这些礼仪也对后人产生了深远的影响。

在这一时期较为著名的休闲宴会有夏代缗礼、商代食礼、周代八珍席等。其中以周代八珍席最为有名。《周礼·天官·膳夫》中记载："凡王之馈，食用六谷，膳用六牲，饮用六清，羞用百二十品，珍用八物，酱用百有二十瓮。"这里提出的"珍用八物"即周八珍，是我国有史以来最早的宫廷菜肴。满汉全席中的"四八珍"就是从周代"八珍"

演变而来的。《礼记·内则》中列出的周代八珍包括：淳熬（肉酱油浇早稻米饭）、淳毋（肉酱油浇黄米饭）、炮豚（煨、烤、炸、炖乳猪）、捣珍（烧牛、羊、鹿里脊）、渍（酒糟牛羊肉或香酒牛肉）、熬（烘制的肉脯）、糁（三鲜烙饭）、肝膋（网油烤狗肝）。可见周朝以前，中国的烹饪技术已经相当复杂。

二、秦汉魏晋南北朝时期

如果说先秦时期休闲宴会是上层贵族阶级的活动，那么到了秦汉时期，休闲宴会逐渐走向民间。

（一）民间酒宴频繁

秦朝汇集天下12万豪户的咸阳和巴蜀，饮食市场十分繁荣，民间婚寿喜庆酒宴开始大兴操办，乡村的社日聚餐也相当红火。

汉初休养生息，宴席较为简单，等到国力殷实，宴会再次蓬勃兴起。在汉代人眼里，婚姻是家族大事，因此对婚宴也特别重视。无论是上层社会还是下层社会，婚宴排场都十分隆重。普通百姓"宾婚酒食，接连相因，析酲（chéng）什半"，贵族家庭"娶嫁设太牢之厨膳"，整个社会都通过婚宴把结婚喜庆的气氛推向高潮。结婚有酒宴，生子也有酒宴。婚后得子，主人家也会设宴庆贺，喜气洋洋。

另外，汉代形成的许多传统佳节，如春节、清明节、上巳节、端午节、七巧节、冬至、腊日等也成了民间设宴的理由。《四民月令》中"家室尊卑，无小无大，以次列坐先祖之前；子、妇、孙、曾，各上椒酒（用椒浸制的酒，有拜祝之意）于其家长，称觞举寿，欣欣如也"对春节民间宴会做了描述。南北朝时期，上巳节则"曲水流觞"，人们结伴离家，去水滨宴饮。魏晋南北朝时期，每逢九月九，则"藉野宴饮"。腊日则为全民性的节日，各地百姓都会举行家宴。东汉时期甚至有"每至岁时伏腊，辄休遣徒系"，让刑犯与亲人团聚，可见当时对这个节日的重视程度。当然，非节日亲朋好友、邻里之间也会举行民间酒宴，这些休闲宴会大都为家庭成员参加的家宴，被视为家庭主妇的重要职责。

（二）文酒之风勃兴

两汉时期，文学得到了较大的发展，铺陈夸张的汉赋便成熟并兴盛于这一时期。魏晋南北朝更是成就了曹操、曹丕、曹植、嵇康、傅玄、陆机等文人，曹操的《短歌行》、曹丕的《典论》、陆机的《文赋》等流传至今。于是，以文会友的文人聚会也在当时流行开来。

文人聚会，其目的是通过饮酒作诗来达到极致的精神享受。这种宴会常常与游山玩水结合起来，往往举办在环境优美的地方，或山郊野外，或亭台楼阁，或泛舟湖上。席间有吟诗作对、行酒令，或歌伎舞乐，宴饮游乐，畅快之极。魏正始年间闻名天下的竹林七贤，便常在山阳县（今修武一带）竹林之下，喝酒、纵歌、肆意酣畅。除此之外，曹操修筑铜雀台，曹丕筑建章台和凌云台，曹植宴平乐观，张华设园林会，其雅境、雅情、雅菜、雅趣至今为世人津津乐道。

图 2.7　兰亭雅集

最著名的当属"兰亭雅集"。东晋永和九年三月三日上巳节，时任会稽内史的右军将军、大书法家王羲之，召集筑室东土的一批名士和家族子弟，共42人，于会稽山阴之兰亭（今浙江省绍兴市西南部）举办了首次兰亭雅集（图2.7）。有谢安、谢万、孙绰、王凝之、王徽之、王献之等名士参加。会上共得诗37首。王羲之"微醉之中，振笔直遂"，写下了著名的《兰亭集序》。文中描写了风物之雅、人物之盛、饮酒之乐、吟咏之雅。置身其间仿佛忘记自我，无比畅快。上巳节"曲水流觞"的宴会习俗在唐代发展极盛，并一直延续到清代（图2.8）。

图 2.8　曲水流觞

（三）信徒茹斋成风

汉哀帝元寿元年，博士弟子景卢从大月氏王使臣伊存受浮屠经。这是佛教思想传入中国的最早文献记录。两汉之际，佛教经西域传入中国内地。东汉初年，上层贵族已有信佛之人，到东汉末年，地方和民间佛教信徒增多，经由魏晋时期的进一步发展，成为影响中国宗教文化的三教之一。

随着佛教的盛行，中国素食与佛教斋食相互融合，素食宴成为风尚。北魏末年，佛教寺院有3万多所，僧尼最多的时候达到两三百万之众，寺院香客云集，素宴迅速发展，涌现了大批素材名厨，素菜制作日渐精致。在此基础上，京畿（jī）地区和江南孕育出了早期的素席，如凌虚宴、浴佛宴等。以浴佛宴为例，《荆楚岁时记》载："荆楚以四月八日诸寺各设斋，香汤浴佛，共作龙华会，以为弥勒下生之征也。"《后汉书·陶谦传》载："每浴佛，辄多设饮饭，布席于路，其有就食及观者且万余人。"同时，各寺庙善

图2.9　汉代宴饮图

男信女亦设席饮宴。浴佛宴主食为乌饭，不仅可供宾客品尝，还可当作赠物带回家，分享佛的赐予。相伴佛教出现的素席宴同样丰富了中国宴会的内容。

此外，汉代宴会出现了帷幄，南北朝宴会采用了类似矮桌的条案，改善了就餐环境与卫生条件，也为共食制的出现提供了可能。同时朱墨相间的漆器大放异彩，宴会开始趋向小巧精致（图2.9）。这一时期较为著名的休闲宴会有长乐宫礼宴、平乐宴、元旦家宴、北魏佛光寺游宴等。

三、隋唐时期

大唐时期的休闲宴会就与这一朝代一样奢华与繁荣。隋朝仅有两代，筵席承上启下，只留下"云中宴""湖上宴"等少数酒席，反映出隋炀帝骄奢淫靡的生活。到了唐和五代，由于封建经济飞速发展，科技文化发达，对外交往频繁，国力空前昌盛，宴会也随之进入了一个全新的时期。

（一）高桌交椅改变宴饮方式

唐代开始在宴会中普遍使用了高桌交椅，铺桌帷、垫椅单。这种高桌交椅使共食制成为可能，传统的分食制逐渐消失，这在敦煌莫高窟的精美壁画上得以体现。在敦煌四七三窟壁画中有一凉亭，亭内摆着一张餐桌，共坐有5女4男，桌上5个大盘，每人面前一副餐具，可见在唐代，共食用的大食桌开始逐渐替代分食用的小餐案，大家围桌一起用餐是很自然的事情（图2.10）。当然，唐代只是分食制与共食制的过渡阶段。从

五代时南唐画家顾闳中的传世名作《韩熙载夜宴图》看，贵族聚饮仍是1—3人一席，食物仍然是一人一份，但有丝竹佐饮，肴馔济楚，陈设雅丽，礼食的情韵浓厚（图2.11）。

（二）宴会取址讲究借景为用

唐朝的休闲宴会对环境与选址也十分讲究，并在宴会中融入更多的游乐色彩。如唐玄宗李隆基每逢正月十五元宵节便会在长春殿上举办"临光宴"，宴会中殿前点起"白鹭转

图2.10　宴饮图　唐墓壁画

图 2.11　韩熙载夜宴图

花""黄龙吐水""浮光洞"等各色南北花灯，并命宫廷乐队奏响《灯月分光曲》，同时抛撒闽江锦荔枝千万颗给宫女抢拾，拾得最多的有奖。"临光宴"以赏玩游乐为主，酒菜佳肴为辅，宴会气氛愉悦。又如白居易水上游襄宴、扬州官府争春宴等，或观灯、或赏花、或泛舟，再配上五花八门的酒令佐饮助兴，简直美哉、妙哉。这也表现出唐代宴会注重情感愉悦，追求高雅格调的特点。

（三）商贸交易繁荣宴会市场

隋炀帝时，洛阳建成丰都、大同、通远三大市场。其中丰都市场"周八里，通门十二，其内一百二十行，三千余肆"。《资治通鉴》记载，隋炀帝大业六年，"诸藩"请求入丰都市交易，隋炀帝便"先命整饰店肆，檐宇如一。盛设帷帐，珍货充积，人物华盛。卖菜者亦藉以龙须席，胡客或过酒食店，悉令邀延就坐，醉饱而散，不取其直，给之曰'中国丰饶，酒食例不取直'，胡客皆惊叹"。这描绘了当时餐饮市场的繁荣。

唐代市集（图 2.12）普及，草市便是其中一种。草市是一种自发形成于农村地区的

图 2.12　隋唐市井

大型市场，市上车水马龙，货物琳琅满目。与之相似的还有隔日一会，或隔三岔五一会的墟市，以及较为高级的类似于现在庙会的集市。除此之外，京杭大运河开通，无论是南端杭州的拱宸桥，还是北端北京的什刹海，都是当时繁华的商业区，沿岸酒楼歌台林立，这些都也带动了餐饮业的进一步发展，大到通都大邑，小到乡村集镇都不乏独具风味的酒店饭铺。

（四）科举制度推动曲江文宴

隋文帝即位以后，废除九品中正制，下诏举"贤良"。到了唐朝，科举制度创立，唐太宗、武则天、唐玄宗等人又将其完善。科举考试，金榜题名，从中央到地方都有一系列庆祝活动。在科举制度的推动下，名宴辈出，名目繁多。五代人王定保的《唐摭言》载宴名有九：一曰大相识，主司有具庆者；二曰次相识，主司有偏侍者；三曰小相识，主司有兄弟者；四曰闻喜；五曰樱桃；六曰月灯；七曰牡丹；八曰看佛牙；九曰关宴，最大，亦谓之离筵。即唐代新科及第进士在都城长安举办的9种庆贺宴席名称。其中大相识是欢宴父母俱在者；次相识是欢宴一老在堂者；小相识是欢宴双亲去世而兄弟健在者；"闻喜"即闻喜宴、敕士宴或赐贡士宴；"樱桃"即樱桃宴；"月灯"即月灯阁打球宴或赏月宴；"牡丹"即牡丹宴。

在唐代举行的科举文宴中，最著名的当数"曲江宴"（图2.13）。曲江宴是唐代朝廷赏赐百官和新科进士的园林宴会。因每逢佳、庆日在京城长安曲江风景区举办而得名。曲江群宴中，最著称者有二：一是上巳节赐宴；二是新科进士宴。"上巳宴"延续时间长，规模大，上自皇亲国戚和文武大臣，下至长安与万年两县官吏，均可携带妻妾参加，人数达万计。上巳宴的菜肴由御厨、诸司、京兆府和肆厨、家厨分别承制，美不胜收。"进士宴"始于唐中宗神龙年间，盛行于唐玄宗开元时，一直延续到唐末。此类宴会宴名多样，略有区别。如设置在曲江杏园的名曰"杏园宴"；席间有樱桃的名曰"樱桃宴"；时间定在"关试"之后的名曰"关宴"；同榜进士全部参加的名曰"曲江大会"。参加宴会者除了进士外还有主考官、皇亲贵胄等，宴设野外，常可不拘礼节。

（五）对外交流丰富宴会内容

唐朝对外交流频繁，与西域、日本、泰国等地关系密切，休闲宴会的美酒菜肴和乐舞技艺也深受影响，出现了共生共荣的景象。唐代外来饮食最多的是"胡食"，即从西域传入的食品。胡食在汉魏通过丝绸之路传入中国后，至唐最盛。唐代的胡食种类繁多，面食有炽饼、

图2.13　曲江文宴

毕罗、胡饼等。在唐朝，卖胡饼的店摊十分普遍，据《资治通鉴·玄宗纪》记载：安史之乱，唐玄宗逃至咸阳集贤宫时，正值中午，"上犹未食，杨国忠自市胡饼以献"。西域的名酒也深受唐人喜爱。据史料记载，唐初就已将高昌的马乳葡萄及其酿酒法引入长安，唐太宗亲自监制，酿出八种色泽的葡萄酒，"葡萄美酒夜光杯，欲饮琵琶马上催"等著名诗句便出自此时。由此催生的以"胡风烹饪"为特色的胡食风味菜馆——胡姬酒肆满布长安。餐馆服务人员身着特异的民族服饰，配以胡地歌舞侍宴，菜肴包括来自高昌的葡萄酒、来自波斯的龙膏酒，以及胡地师傅调制的胡羹、胡饼、驼峰炙等，为当时的餐饮市场增添了亮色。

对外交流和民族融合对休闲宴会的影响除了菜肴外还有乐舞。隋唐时期，舞蹈深受人们喜爱，也是宴会中必不可少的一部分。当时赫赫有名的《惊鸿舞》《兰陵王》《霓裳舞衣曲》等至今为世人所效仿。隋代的宫廷宴乐中融入了各地区各民族的乐舞表演，隋代九部乐曲中，《清商伎》《高丽伎》《天竺伎》《安国伎》《龟兹伎》《疏勒伎》等分别来自江南、朝鲜、印度、中亚布哈拉、新疆库车地区及西域。唐代又新增了来自新疆吐鲁番的高昌乐等。隋唐时期以恢宏的气度、博大的胸怀，广取博采各地、各族乐舞，并大胆创新，开创了宴会乐舞新篇章。

隋唐时期的名宴有渭城饯行宴、烧尾宴、桃李园宴、浣花溪船宴等，其中不得不提的是唐代烧尾宴。烧尾之意说法有三：一取鲤鱼跳龙门一说，传说黄河鲤鱼跳龙门，跳过去后便有电闪雷鸣，天火烧其尾变成龙；二取虎变成人的说法，传说老虎变成人后尾巴难掉，必须将其烧掉才能成为真正的人；三取新羊入群，烧尾合群的说法，即新羊出入羊群，会受到群羊触碰而不安，只有烧掉尾巴才能使其镇静下来。无论哪种说法，"烧尾"都有新官入职蜕变升迁之意。由此不难推测，唐代烧尾宴就是升官宴请时举办的宴会。该宴会不但要宴请同僚，还要宴请皇帝，有献媚取宠于皇帝、结党营私于同僚的作用。如此宴会自然不能怠慢，韦巨源烧尾宴食单中有点心24道，菜肴34道，再加上其他辅助食品，全席菜点总数达到100道之多，原料选用飞潜动植、水陆八珍，制作工艺精细，菜肴名称优美，当属一代名宴。

四、宋元时期

宋元时期的宴会呈现出两种截然不同风貌：两宋的奢华靡费和元代的粗犷雄浑。

（一）两宋宴会铺张奢华

在两宋时期，名宴甚多，如宋仁宗大享明堂礼、宋太宗玉津园盛宴、宋度宗寿宴、天基圣节大席、皇后归谒家庙宴、玉津御园射弓宴等。各类大席注重铺排，耗资令人瞠目结舌。如北宋时期为皇帝寿诞在集英殿举办的"宋皇寿筵"，开宴时钟鼓齐鸣，高奏雅乐，然后以饮9杯寿酒为序，把菜点羹汤、文艺节目和祝寿礼仪有机穿插起来。入宴者头上簪花，喜气洋洋归家，并沿路撒铜钱。女童队出右掖门，少年豪俊争以宝具供送，饮食酒果相迎，各乘骏骑而归。她们在御街驰骤，竞显华丽。这一盛宴场面恢宏，气氛欢悦，

Xiu Xian Yan Hui She Ji Li Lun Fang Fa He An Li

赴宴者数百,演出者上千,厨师、服务人员、警卫过万,表现出宫廷大宴的红火与风光。

皇室宴饮奢靡,官僚士大夫和富商也竞相效仿。南宋绍兴二十一年十月,清河郡王张俊在家宴请宋高宗赵构时摆下宴席,共计菜点250道,是我国历史上规模最大的酒宴。此席分作两大部分:第一部分为"看席",有"绣花高饤一行八果垒""乐仙干果子叉袋儿一行""缕金香药一行""雕花蜜煎一行""砌香咸酸一行""脯腊一行""垂手八盘子"七大类别,各式食碟72种,它以先声夺人之势开席见彩,显示规格、渲染气氛,供客人观赏。第二部分则是"吃席",包括13大类别178道菜,其中果点全是江南佳品,菜肴以水鲜居多,鱼米之乡特色鲜明,让耳朵、眼睛、舌根都大饱口福。就连侍卫也是"各食五味",每人羊肉1斤、馒头50个、好酒1瓶。

(二)宴会市场趋于成熟

随着商业和交换的发展,市场进一步冲破了种种限制,与当时的经济发展水平相适应,休闲宴会市场也逐渐趋于成熟,主要表现在:第一,这时的饮食市场上,出现了专管民间吉庆宴会的"四司六局",四司为帐设司、厨司、茶酒司、台盘司,六局为果子局、蜜煎局、菜蔬局、油烛局、香药局、排办局,他们分工合作,任凭呼唤,把备宴的一切事务都承揽下来,有利于宴会的商品化。第二,知名酒楼为贵族富豪的聚餐提供了方便。北宋汴京著名的酒楼有72座,号称"七十二正店",可见于《清明上河图》中(图2.14)。这些正店大部分清一色使用银器或细瓷餐具,十分注重卫生和服务质量,服务员热情周到、精通业务,熟记所有菜名及上菜顺序,用餐时配以歌舞娱乐顾客,将味、视、听、玩四者巧妙结合起来,用心之处不亚于现今。第三,名厨、名饮、名馔成为竞争的核心。在宋朝,名厨有着较高的身份地位,一桌美不胜收的宴席离不开一位赫赫有名的厨师。另外,名饮和名馔也是各酒店提升竞争力的地方,宫廷后妃甚至皇帝也经常派人去知名酒楼饭庄购买佳肴。

图2.14 《清明上河图》之正店

（三）南北饮食相互融合

在南宋前，北方与南方的饮食文化差别明显，北方食面食、好羊肉，而南方喜水稻、猪肉和鱼虾，对北方的"胡饼"难以下咽。靖康之变后，北方人大批南迁，江、浙、闽、湖、湘、广地区"西北流寓之人遍满"。南移的北方人喜食面食，南方地区小麦价格上涨，导致南方农民"竞种春稼，极目不减淮北"。在南宋迁都临安府后，南方出现了许多面食店，面食制品融合南方烹调工艺，比汴京更加丰富。吴自牧的《梦粱录》中提到临安最热闹的大街上面食店铺"通宵买卖，交晓不绝"，同时也出现了许多"有名相传"的店铺。其中糖三角、蟹黄包、月饼、锅贴等仍然是现在南方著名的小吃。随着宋室南渡，都城中也出现了很多京师人所开设的食府。中国传统的烹饪技术、汴京的风味食品均被带到了临安，当地人纷纷拜师学艺，促进了南北饮食文化的交流和融合，逐渐形成"水土既惯，饮食混淆，无南北之分"的格局。

（四）少数民族宴会独具特色

宋朝之后，少数民族站上了历史舞台，辽、西夏、金、元的休闲宴会风格有着鲜明的游牧色彩，豪放粗犷，并以"妳坦离""娌里厨""魏貍馔""诈马宴""秀斯""喝盏""大茶饭会""换衣灯会"等新颖的名词而命名。该时期宴会有如下特点：一是菜品多以羊肉和奶制品为原料，烹制方法也以烧烤为主，喜好咸鲜，赋予了浓厚的草原气息。二是烈酒用量极大，多用特质的"酒海"装盛，容量可达数石。当时官宦赴宴，常常不分日夜不醉不休，连饮3日，乃至数十日者不在少数。三是在宋代看盘的启迪下增设了小果盒、大香炉、花瓶等饰物，使宴会的摆台艺术又更进一步。四是重视祭筵。宫廷所用的祭品常由得力大臣亲率猎队，专门捕获纯马、红牛、白羊、黑猪和黄鹿上供，敬献马奶酒，庄严肃穆。

元代名宴中最值得一提的便是"诈马宴"（图2.15）。赴宴的王公大臣和侍宴的卫士乐工都必须穿皇帝赏赐的同一颜色的"质孙服"，因此又称为"质孙宴"。关于诈马宴的盛况，元世祖国史院编修周伯琦在《诈马行》有所提及："国家之制，乘舆北幸上京，岁以六月吉日。命宿卫大臣及近侍服所赐只孙，珠翠金宝，衣冠腰带，盛饰名马，清晨自城外各持彩仗，列队驰入禁中。於是上盛服，御殿临观。乃大张宴为乐，惟宗王戚里宿卫大臣前列行酒，馀各以所职叙坐合饮，诸坊奏大乐，陈百戏，如是凡三日而罢。其佩服日一易，大官用羊二千嗷、马三匹，它费称是，名之曰'只孙宴'。'只孙'，华言一色衣也。俗呼曰'诈马筵'。"另据其他史料记载，这种超级大宴常在可容纳6 000余人的大宫殿中举行，王公

图2.15　诈马宴盛况

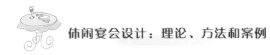

贵胄的妻女皆可参加，菜式以烤全羊为主，佐以醍醐（精制奶酪）、沆（有人认为是马奶酒，也有的人认为是獐）、野驼蹄、鹿唇、驼乳糜（驼奶粥）、天鹅炙（烤天鹅）、紫玉浆（可能是紫羊的奶汁）和玄玉浆（马奶子）等"迤北八珍"及各种白食，酒用烈酒，被古人形容为"万羊裔炙万瓮酢"。

五、明清时期

图2.16　明代筵席图

这一时期社会经济的繁荣使得食品原料生产和烹饪技术得到了巨大提升。满汉全席、千叟宴、孔府家宴等特色名宴将中国古代休闲宴会推向顶峰。

（一）餐室布置富丽堂皇

明代红木家具问世，八仙桌、大圆桌、鼓形凳都被用在了休闲宴会之上（图2.16）。桌布、椅套大部分采用丝绸精锻缝制，配上精美的绣花，十分讲究。在清代，主宾背后需陈设雕漆或者螺钿屏风，正面摆放大穿衣镜，以表示尊重。设席地点春夏秋冬各有不同，春在花榭，夏在乔林，秋在高阁，冬在温室，只取最美一方景色。在台面布置上，撤去花瓶等装饰物，沿用宋代"吃席""看席"并列的做法。餐具更是考究，乾隆的除夕家宴，仅摆台就分8路，各色玉碗58个；慈禧的宁寿宫膳房酒宴所用金银餐具1 500余种，均属绝世珍品；孔府"满汉宴"所用的银质点铜锡仿古象形水火餐具，全套共404件，可上196道餐点。清代孔府宴客的餐具，除这套银制餐具外，还有两套整桌餐具，即博古酒席瓷器餐具，计490件，以及高摆酒席瓷餐具，计130件。

此般奢侈的宴会在明代的文学著作《金瓶梅》中就有记载，当时的休闲宴会花费最少也要三五两银子左右，这相当于当时贫寒家庭4个月的生活费。有的人为了请客吃喝，竟不惜出卖房产。

（二）宴会设计注重规格

明清时期，休闲宴会设计十分注重目的、等级、套路、气势和命名。明代皇宫每逢除夕、元旦、立春、端午、重阳、腊八日、皇太后诞辰、东宫千秋节等节日时，都要举行不同规格的宴会活动。祭祀圜丘、方泽、东宫讲读、亲蚕、新录取进士等也是举办宴会的理由。按照明代礼仪，宫中宴会分大宴、中宴、常宴和小宴四种。如明代万历年间北方的乡试大典，席面就分为上马宴和下马宴两种，每种又有上、中、下之分，共84桌各成局面。

清宫宴名目虽多,宴席却主要分为满席和汉席两种。满席又有"近前馈筵"和"午奠筵"之分,并有头等、二等、三等、四等、五等、六等之别。汉席分头等、二等、三等,并有上中之别。此外,清宫宴还有一等桌宴、次等桌宴和一等桌张、次等桌张之分。清宫光禄寺置办国宴,有祀筵、奠筵、燕筵、围筵四类,每类也分若干等级,主要体现在菜单上。如头等宴席的菜单用面60千克、红白徽支四盘、饼饵29盘又加2碗、干鲜果品18盘、熟鹅1只,其他菜品灵活增补;至于二到六等则依次递减。不仅皇室宴席规格明确,民间宴席也有等级之分,市场上以碗碟之多寡来区分宴席的规格。高档的如16碟8簋1点心,也有低档次的"三蒸九扣""大十件",还有16碟8大8小,12碟6大6小、重九席、双八席、四喜四全席、五福六寿席等,各有则例,自成体系。

从宴席结构上看,一般分作酒品冷菜、热炒大菜、饭点茶果三大层次,头盘是何种规格,便决定了本场宴会的档次。从宴会命名上看,有时借用数字如盖州三套碗,有时突出头菜如燕窝席,有时巧嵌成语典故如混元大席,有时宣扬名门家第或地方特色,如孔府宴。

(三)各式全席脱颖而出

全席是指格局统一、用料或技法相近及相似、荟萃某类风味名馔的高档规范酒席,如满汉全席、全羊席、全聚德全鸭席等。

我国全席多达数百种,可分为主料全席如全藕席、系列原料全席如山珍全席、技法全席如烧烤全席、风味全席如谭家菜席和多元全席如满汉全席五类。我国全席宴已有4000多年历史,早期宴席比较简陋,用料往往单一,因此主料全席最先问世。到了隋唐,全席轮廓日渐清晰,如"过厅羊""樱桃宴"等。直至明清两朝,全席宴被正式提出,发展成熟,各种全席名称在多部文献中被提及,如《随园食单》中写道"全羊法有七十二种",《奉天通志》称"富人享客,或食全羊",《成都通览》还收集了玉脊全席、海参全席等众多资料。这其中,号称"屠龙之技"的全羊席、被誉为"无上上品"的满汉燕翅烧烤全席,以及乾隆年间的满汉全席、晚清淮安的全膳席、明代文士的蟹会都可谓登峰造极,享有盛名。

(四)少数民族风情尽显

仅《清稗类钞》一书记载,满族、蒙古族、哈萨克族、回族、藏族、苗族的丰盛席面就达到十多种;再加上明清其他有关笔记,便可达百余种。其中,"满洲贵家大祭食肉会""蒙人宴会之带福还家""西藏噶伦卜乡宴""青海番族之宴会""柯尔克孜人抓肉酸奶宴""鄂伦春人会猎宴""彝人哑酒宴""苗人馈肉宴""白人剁生宴""壮人米酒宴""瑶人银肉互酬宴""高山人秋米登场宴""晚清迤南诸族民宴"等,都有汉族酒席中所不曾见过的地方习俗和菜点。其中,"晚清迤南诸族民宴"中包括散居在云南省临安、普洱、元江、镇沅、镇边等府、州、厅的窝泥人(今哈尼族)、傜人、沙人(今不同地方的沙人被分别归入壮族和布依族)、侬人(壮族支系)、俐侏人(彝族分支)、夷人的饮宴习俗。如"窝泥负薪入市,得钱沽酒必醉";"傜人有名支角者,以蜡裹发如独角,突起天庭上。善制弩好猎，每生啖鸟兽肉"；"沙人、侬人性相类，出必佩刀，曰有胆"等。

（五）素食素席发展鼎盛

我国的膳食结构自古以来便是以素为主，以荤为辅。从 3 000 多年前的周代开始，人们对植物性食料和动物性食料就有了不同的选择。汉武帝时期，佛教传入中国，宋代又出现了提倡道家茹素的全真教派，这样中国传统素食与道教、佛教相结合，形成了独特的素宴。素宴经过魏晋南北朝的萌芽、唐宋元的演变，到了明清两代发展鼎盛，自成体系。这时期不仅推出了罗汉斋、鼎湖上素、混元大菜、人参笋、炒苹果、玛瑙卷、油煎白菜、香椿芽拌豆腐等一批形色漂亮的工艺素菜，还出现了寺院素食、宫廷素食、民间素食、市肆素食的分野，以及文思和尚、小山和尚、敬修和尚、大庵和尚、刘海泉、李殿元、周书亭等素菜大师，出版了收菜 170 余款的《素食说略》。在这种情势下，各种规格和款式的素席宴会脱颖而出，北京法源寺、镇江定慧寺、上海白云观、杭州烟霞洞、湖北武当山、泰山斗姆观都以各具特色的全素席宴客。清宫御膳房还专门设有烹制素菜的素局，光绪年间就配有素菜名师 27 人，可以用豆腐、面筋等原料调理出二百多种风味独特的素菜，鲜香软嫩，入口即化。由此可见明清时期素席做工之精良、素菜口味之丰富非同一般，深受皇亲贵胄、僧侣百姓所喜爱。

鸦片战争之后，随着清朝的灭亡和西方文化的冲击，许多超级大宴如满汉全席销声匿迹，中国宴会的面貌在潜移默化中发生着改变。一是西式宴席在光绪年间于沿海地区逐步立足，至宣统时尤为盛行，其中的部分菜点和用餐礼仪慢慢向中国餐桌渗透。清人徐珂在《清稗类钞·饮食·西餐》中便对当时社会食用西餐的情景进行了描述。据他考证，西餐始于上海福州路一品香，当时人鲜过问，其后渐有趋之者，于是海天春、一家春、江南春等继起。二是袁牧、徐珂等社会名流逐渐发现中国宴会中铺张浪费、追求奇珍异馔等弊端，对其加以针砭，发出改革宴席的呼声。三是清末大批留学生回国后从卫生、实用的角度出发，推出了"视便餐为丰而较之普通筵会则简"的改良宴会模式，受到社会欢迎。自此之后，中国宴会逐步走向更理性、更营养、更有特色的发展方向。

第三节　中西方休闲宴会比较

一、中西方休闲宴会的差异

中西方休闲宴会的发展都有着几千年的丰厚历史。纵观历史沿革，无论是西方的古希腊时代还是中国的夏商春秋，都演绎着不同的宴会文化，各具特色。

（一）进餐方式不同

众所周知，西方的分食制与中国的共食制有着明显区别，但是中西方进食方式的演变却正好相反。

西方并非自古就采用的是分食制，文艺复兴之前，欧洲宴会一直采用的是共餐制，人的个体意识尚未普遍地产生，即使是贵族家庭，朋友聚会或家庭聚餐的时候，大家也都无所避忌地在一个盆里喝汤。这时的宴会往往让两个或两个以上的就餐者共用一个汤碗，人们还习惯于用手直接取食物。为了表示对他人的尊重，在就餐前公开洗手就成为礼仪性的活动。

文艺复兴时期普遍的个体性、平等、自由、相互尊重等观念逐渐产生并占据上风。到了17世纪，启蒙运动使自由、平等、博爱三位一体的价值体系在西欧广为流传，表现在餐桌上则是分餐制的逐渐形成。

意大利的分餐制最初是见于修道院的礼节，修道士认为人是一个个独立的个体，因此伙食应该是分餐的，一些较为富庶的修道院也开始了餐具刀叉的使用。意大利贵族乐于将自己的儿子送入修道院学习拉丁文，顺便就学会了修道院的礼节。后来富裕的庶民也羡慕修道院的奢华，争相模仿。法国的分餐制则来源于16世纪时法国国王亨利四世的妻子美帝奇，美帝奇女士将意大利的礼仪和习惯带到了法国宫廷，其中之一便是分餐制的进餐方式。之后经过路易十四的辉煌统治，分食制作为一种文明的象征传遍整个欧洲，并沿用至今。

中国的进餐方式在夏商春秋时期采用的是分餐制，这主要与远古时期平均分配的消费观和采用的食案有关。在中国古代，宴会时用"几"来摆放食物，"几"是一种矮小的案子。早在新石器时代晚期山西襄汾陶寺遗址中就有木案的发现，在周朝，富贵人家使用这样的小案子是十分平常的事情。席地分食制从西周至汉唐这样的一个长远的历史时期都是一脉相承的，对东亚等国也有着较大的影响，这就是为什么现今日本、韩国等地仍然采用分食制的原因。中国共食制的出现是在唐代高桌交椅的出现。该时期撤去以前的小食案，改用大桌子，使得共食成为可能。当然，共食制的真正普及也跟中国人所强调群体本位的道德观有关。中国人更看重集体利益，包括家族利益、国家利益，主张控制自己的欲望，反对极端个人主义和英雄主义，共餐的进餐方式则正好与之契合。

（二）进餐用具不同

13世纪前的欧洲，人们进食主要靠双手。古罗马人还以进餐时使用手指的多寡来区分身份，平民可以五指齐下，而有教养的贵族只能三根手指，无名指和小指是不能沾到食物的。这一进餐规则一直延续到16世纪仍然在欧洲流行。在当时也出现了刀，如早期的石刀、骨刀，到后来冶炼技术进步后使用了铜刀和铁刀，但是这时的刀只是一种宰割牛羊的器具，并不是严格意义上的餐具。进食用的叉子最早出现在11世纪的意大利塔斯卡尼地区，只有两个叉齿。当时的神职人员对叉子并无好评，他们认为人类只能用手去碰触上帝所赐予的食物，有钱的塔斯卡尼人创造餐具是受到撒旦的诱惑，是一种亵渎神灵的行为。据意大利史料记载，一个威尼斯贵妇在用叉子进餐后数日内死去，神职人员警戒大家这是遭到了天谴，因此叉子受到宗教的约束无法普及。12世纪，英格兰的坎特伯雷大主教把叉子介绍给盎格鲁撒克逊王国的人民，当时贵族们却常常把叉子拿在手里当作决斗的武器，而非进餐之用。这种做法到14世纪仍然没有得到改变，叉子对他们而言不过是舶来品而已，如果那个男人使用叉子进餐，便会被认为是做作的"娘娘腔"。直到15世纪，欧洲人为了改进进餐的姿势，让宴会变得更加雅观，才开始使用双尖的叉。事实上，叉子才是严格意义上的餐具，但却离不开刀的切割，因此这两者便被组合在了一起，成为欧洲人用餐的工具。之后，叉子经过双尖到三尖、三尖到四尖的变化，到了18世纪才发展成为现在的样子。不过在当时，刀叉被认为是法国贵族的专用品，被赋予了身份、奢侈、讲究的含义。

中国传统用餐工具筷子作为一种特别的用餐工具在世界餐具中独树一帜，被欧洲人称为"东方的文明"。中国人使用筷子要比西方人使用刀叉久远得多，《韩非子·喻老》中有言："昔者纣为象箸，而箕子怖。"早在商纣时期中国已出现象牙精工制造的筷子，可见以筷进餐在中国少说也有3 000多年历史了。据考古资料证明在远古时代汉族先民已懂得用树枝和竹枝夹取食物。筷子在历史上有很多叫法，先秦时期称"梜"，也作"莢"。郑玄注释："梜，犹箸也，今人谓箸为梜提。"汉代著名史学家太史公司马迁著《史记》时，称商纣时期的筷子为"箸"。两汉又出现了"筯"字。隋唐时"筯"与"箸"通用，这从李白的《行路难》"停杯投箸不能食"和杜甫的《丽人行》"犀箸厌饫久未下，鸾刀镂切空纷纶"中可以找到证据。直到宋、元、明、清，"箸"这个名词真正成为筷子的称呼，现今，日本仍然将筷子写作"箸"。

中国人用筷子，西方人用刀叉，这与生活环境及生产方式有关。欧洲以畜牧业为主，餐桌上主食为牛羊肉，必须用刀切割，这也反映出了西方野蛮文化。中国长期以来以农业为主，主要食物是黍，烹饪大多采用蒸煮法，主食米豆用水煮成粥，副食菜肉加水烧成多汁的羹，从羹中捞取菜肉用餐匙极不方便，而以筷挟取菜叶食之却得心应手，所以《礼记·曲礼》曰："羹之有菜用挟，其无菜者不用挟。"于是筷便成了最理想的餐具。

另外，中国人使用的用餐工具单一，所有事物皆以筷取之，而欧洲人使用刀叉却十分讲究，不同的食物用不同的刀叉进食，肉类用、鱼类用、前菜用、甜点用，而汤匙除了前菜用、汤用、咖啡用、茶用之外，还有调味料用的，每种餐具必须严格对应菜点使用，不可有错。

（三）等级制度表现形式不同

等级制度是权贵体现身份的象征，无论西方还是中国在宴会上都有强烈的等级制度。但是表现形式却大不相同。欧洲宴会的等级制度主要体现在座位的安排上和葡萄酒的使用上，而中国则主要体现在用餐器具和宴会规格上。

古希腊人举行宴会或聚餐时，习惯于让妇女和男孩子在小桌上（次桌）用餐，席地而坐或坐在小凳上，不坐卧榻；而男人们却成双成对地倚靠在宽大的卧榻上进食，伸手可及处放着一个大食桌（宴会主桌）。地位不同，桌次、坐具也有分别。因为当时成年男子的社会地位、等级身份高，是社会的统治者，在家里男子是一家之主，妇女和儿童不过是男子的个人财物，等级身份低，等级不同，是不便于共餐共饮的。欧洲中世纪的等级观念、等级制度体现在宴会葡萄酒上。在中世纪的欧洲，葡萄酒最为流行，并分有不同质地等级，喝什么酒便可以反映出饮酒者的社会地位、素质和职业。白葡萄酒和淡红葡萄酒适合于从事脑力工作的上层阶级饮用，而红葡萄酒则适合于体力劳动者饮用。

中国宴会等级制度要比西方更加严格，除了席位安排以外，还体现在用餐器具和宴会规格上。孔子曰："信以守器，器以藏礼。"表现出了中国古代对于用餐器具的严格的等级制度。在夏商时期，贵族统治阶级便占有原始青瓷器、漆器、象牙器等制作精良的餐饮具，特别是青铜器，在其产生之日起便成为社会等级划分的重要标志。考古发现，商代青铜礼器大体分为50余套、10套、6套、5套、4套、3套、2套、1套八大等级。列鼎而食的制度在春秋战国时期更为盛行，在《礼记·礼器》中规定："天子之豆二十有六，诸公十有六，诸侯十有二，上大夫八，下大夫六。"发展到明清时期，宴饮器具更加精美高级。皇太后、皇后、妃嫔以及福晋等人使用不同等级的金属器皿、瓷器、漆器进餐。慈禧太后的宁寿膳房酒宴所用的金银餐具便有1 500余种，均是绝世珍品。由此可见，在中国，用餐器具对于维护并强化君臣、贵贱等级差别上起到了重要的作用。

另外，从宴会规格上也能看出等级差别。如清宫宴中的满席和汉席。满席有头等、二等、三等、四等、五等、六等之别，汉席分为头等、二等、三等，并上、中之别。对每一种汉席、满席，从炊具、餐具、用料、馔品到入宴对象，都有明文规定，否则就会被施以严惩。在民间，也会以碗碟的多寡来区分宴会的档次，如高档的16碟8盏1点心，低档的"三蒸九扣""十大件"等，往往通过头菜的规格就能够区分宴会的档次了。

（四）菜肴餐点不同

中国人以蔬菜为主，肉为辅，而欧洲人正好相反，这样是由生产方式决定的。以畜牧业为主的欧洲人餐桌上少不了肉食，而中国在《吕氏春秋》中便有"野老献芹"和"肉食者鄙"的掌故，以及肥肉厚酒是"烂肠之食"的说法。中国以素为主的膳食传统加上与佛教、道家的融合形成赫赫有名的素席，这在西方也是没有的。

另外，甜点的地位在中国和西方也有所不同。古希腊和古罗马人似乎都喜爱甜食，但是当时制糖技术还没有传到欧洲，甜的口感主要来自蜂蜜。直到公元9世纪，糖才从波斯引入欧洲。糖最初只是作为昂贵的药品为中世纪欧洲所知，之后逐渐演变为宴会的重要组成。由于糖被认为是一种价格高昂的舶来奢侈品，因此用糖制作的甜点在宴会中的地位很高。在丰盛美味的食物之后再献上奢侈的甜点，曾经一度是比主菜还要被期待的惊喜。据说，中世纪的贵族们在招待宾客时往往以甜点的糖分多少来表现自己的地位，所以不断地往甜品中加糖，甜味是现在的三倍。至今，欧洲人对甜品的制作仍然十分用心，精致的甜点作为压轴为整场宴会画上完美的句号。在中国，糖的地位就要低很多。中国是世界上最早制糖的国家之一。《诗经·大雅》中就有："周原朊朊，堇荼如饴。"可见远在西周就已经有糖的出现了。因此，甜品在中国有着悠久的历史，主要作为宴会的辅助菜肴，在大街小巷也随处可见，地位远不如欧洲。

（五）场地选择不同

中国在魏晋南北朝时期便有了曲水流觞这样的户外宴会。踏青节、上巳节、花朝节、清明节，都可以成为大家郊游雅宴的理由。宴会选址或百花齐放、或依山傍水，表现了中国人对宴会环境的严苛要求。皇亲贵胄、文人墨客在游山玩水、诗词歌赋间享受饕餮盛宴。被记载在案的此类宴会如花朝赏花宴、上巳节游宴、西湖游船宴、上元灯会宴等就有百千种。在欧洲，直至17、18世纪在户外举办宴会才成为贵族高雅的娱乐消遣。这在提香、鲁本斯、乔尔乔内等大师的绘画主题中得以反映。可见，户外宴饮在中国要远早于欧洲。

二、中西方休闲宴会文化融合

随着中西方交流的不断增加，中国与西方的休闲宴会在不断碰撞和融合中产生了新的火花。在唐代西域的葡萄美酒便传入中国，到了清末，西餐厅开始进入中国，在上海、北京、广州等地扎根，最早的一批如一品香、北京饭店、三星饭店、宝昌饭店、正昌饭店等。后来，上海的礼查饭店（图2.17、图2.18）、广州的哥伦布餐厅、天津的维克多利、哈尔滨的马地尔都相继开业。辛亥革命以后，我国处于军阀混战的半封建半殖民地社会，各饭店成为军政头目和洋人买办以及一些豪门富贵交际享乐的场所，每日宾客如云，座无虚席。新中国成立以后，由于政治原因，我国的西餐厅以俄式为主，如莫斯科餐厅、友谊宾馆、北京饭店的西餐厅。到了20世纪60年代，中国的物资水平明显下降，对外交流也日益减少，外宾数量下滑，昂贵的西餐也鲜有人问津，因此，在这个阶段，西式宴会在中国没有什么发展。直到20世纪80年代后，随着中国对外开放政策的实施，中国经济的快速发展和旅游业的崛起，西餐才再一次被广泛传播，甚至比之前更大众化。

（一）中西合并的婚宴

婚宴中西合并是再常见不过的事了。宴会中的菜品仍然以中式为主，而酒品和甜点却越来越具有西方特征。醇厚的葡萄酒、精致的甜品台都是婚宴必不可少的。有些

图2.17　建于1846年的礼查饭店

图2.18　礼查饭店内的"孔雀厅"

年轻人还会在正式的中式宴会之前搭配草坪上的鸡尾酒会或者茶歇招待早早到达婚礼现场的亲朋好友。在北京、上海、香港等大城市，参加婚宴的服装也越来越讲究，随意地穿搭被认为不礼貌，来宾着晚礼服、西装的不在少数。

有意思的是，欧洲人非常热爱中国五千年文化，也非常乐于参加中式宴会。如果欧洲人娶了中国的女孩，那么他必然会要求来一场纯正的中式婚宴，或着唐装、或着汉服，可见中国文化在他们心中的地位。

（二）丰富多样的亲朋宴

亲朋聚会挑选餐厅的过程是十分享受的。风味多样的中餐、精致奢华的法国大餐、原汁原味的意大利餐、口味多变的西班牙餐，或是注重调味的印度餐，每一种都会成为亲朋聚会的选择。据不完全统计，如果完全不考虑经济因素，35岁以下的年轻人中55%以上会趋向于西式餐点，而且如果有时间，在聚餐前还会来一个被认为"小资"的下午茶。西式点心配着咖啡或者中式花茶，岂不乐哉？但是调查发现，35岁以上的中年人，特别是50岁以上的老年人，对西式餐点并不感兴趣，他们似乎更乐意在宴会上享用中餐，并佐以白酒。这也和西餐在中国传播和发展的时期有关。

（三）形式各异的尾牙宴

中西宴会融合在公司尾牙上也体现得淋漓尽致。随着中国对外贸易的发展，许多外企立足于中国，每年年终的公司尾牙也根据企业文化的不同变得五花八门。中式圆桌餐往往会配上大型晚会，气氛欢快愉悦；鸡尾酒会可以自由随意地走动，互相联络感情；自助餐会基本上就是满足员工大吃一顿的愿望。各种形式的尾牙被大家津津乐道，也是年末公司给员工最有趣的福利。

无论婚宴、亲朋宴还是尾牙宴，都透露着中西宴会融合的影子。当然，随着社会的发展和经济全球化的进一步深入，中西宴会还会不断融合，取长补短，让休闲宴会的内容更加丰富，形式更加多元。

第四节　休闲宴会的发展趋势

中国宴会经历数千年的发展，形成了独具特色的宴会文化。随着经济的进步、社会的发展、物质文化与精神文化的不断提高，人们对宴会的追求也发生着潜移默化的变化，呈现出以下八种发展趋势。

一、需求大众

自改革开放以来，中国餐饮业经历了改革开放起步、数量型扩张、规模连锁发展和品牌提升战略四个阶段，取得突飞猛进的发展。目前，全国已有餐饮网点400万个。2005—2006年度中国餐饮百强企业资产总额约320亿元、利润总额约60亿元、从业人员约80万人，分别较上年同期增长40.38%、28.84%和33.33%，高于全社会餐饮业的平均增长水平。2007年中国餐营业零售总额达到1.2万亿元，到了2014年全国餐饮收入27 860亿元，同比增长9.7%，比上年加快0.7个百分点。这些数字表明，我国的饮食消费正逐步走向大众化，休闲宴会也是如此。婚丧喜宴、亲朋聚会都会选择在酒店、餐馆进行。加上中央"八项规定""六条禁止"的推动，公款宴请明显减少，这一趋势更加明显。

休闲宴会的大众化、社会化趋势对宴会的多元化、个性化提出了要求。人们举办宴会的目的和需求各有不同，宴会设计要以"需求"为核心，打造与众不同、形式多样的宴会，来满足不同目标人群的需要。

二、形式多元

中国休闲宴会形式多种多样，根据宴会等级分为国宴、晚宴、便宴、家宴等；根据饮宴目的分为婚嫁礼宴、丧葬礼宴、成年礼宴、寿庆礼宴等；根据宴会菜肴又可分为全鸭宴、饺子宴等。随着全球宴会文化的碰撞与融合，近几年来宴会形式更加多元。西式冷餐会、鸡尾酒会、自助餐会、和式宴会、樱花宴、韩国宴、德国啤酒宴、巴西烤肉宴，甚至阿富汗手抓全席，层出不穷，这些宴会各有特色，满足各类消费者的需求。

三、卫生安全

无节制和重口味是中国宴会的弊病。随着营养知识的普及，人们的健康意识不断提高，对宴会菜肴的营养搭配会越来越重视。人们更趋向于按照科学的营养标准来设计宴会菜肴，根据就餐人数来增减菜肴数量，荤素调剂，营养全面，膳食结构合理。

另外，卫生和安全也将是人们关注的重点。近几年，食品卫生安全问题越来越引起我国政府和人们的重视。地沟油、苏丹红、瘦肉精等陆续被曝光。2010年2月8日经卫生部部务会议审议通过的《餐饮服务食品安全监督管理办法》进一步明确了对餐饮卫生安全问题的要求。随着我国食品卫生安全体系和监督体系的完善，绿色食品、有机食品越来越多出现在宴会餐桌上。同时，进餐方式中的卫生问题也会随着人们自觉意识的提升而得以改变。现在许多高档酒店在宴会中都会提供公筷公勺供大家取食，今后这必然会得到广泛运用，逐渐成为一种习惯。

四、讲求特色

千篇一律的宴会已经让许多人食之无味。举办的宴会能够与众不同、别具一格是每个人的期望。于是，一些具有地方风情和民族特色的休闲宴会开始显现，越来越受到消费者追捧。其中较为有名的是天地宫美筵长廊。1991年国庆节前夕，我国第一家以弘扬中国饮食文化、展示历代饮食紧要为宗旨的"中国古代饮食博览馆"——天地宫在六朝古都南京建成。该美食长廊依照北京故宫太和殿的格局而建,设有上下两层。一层根据"渔樵耕读"和"春夏秋冬"设有"渔隐""听樵""卜居""劝读""萌青""绿荫""归叶""观雪"八厅,展现古朴的民风食俗。二层按历史朝代和饮食类别设置雅厅,包括汉魏六朝宴、唐宴、宋宴、名宴、清宴和药膳宴、素席宴、官府宴、砂锅火锅席等。另外还有两个气势非凡的大厅,专供展示宫廷御膳。天地宫内各小厅各有特色,专供不同品类的菜肴。如渔隐厅供应海鲜、听樵厅供应山珍,妙趣横生。除此之外,营口九龙宴、沈阳鹿鸣宴、杜甫诗意宴、十字带彩席都使现代宴会更富创意。

五、理性消费

2009年12月29日,中共中央政治局召开会议,听取中央纪委2009年工作汇报,分析当前党风廉政建设和反腐败工作形势,研究部署2010年党风廉政建设和反腐败工作,审议并通过《中国共产党党员领导干部廉洁从政若干准则》。随后,又分步出台了"八项规定"和"六条禁令"。这些文件中都对宴请进行了明确的说明。紧跟着中央步伐,各省也对婚丧喜庆事宜展开了专项整治工作,对宴会的排场、耗资、等级等做了严格的要求。

2012年的世界粮食日里,国家粮食局首次向全国粮食干部职工发起倡议,倡导自愿参加24小时饥饿体验活动,以更好地警醒世人"丰年不忘灾年,增产不忘节约,消费不能浪费"。2013年1月初,由来自金融业、广告业、保险业等不同行业的成员提议设"光盘节",并将"光盘行动"传播到北京乃至全国各大餐厅,要求人们理性点菜、打包剩菜。"光盘行动"广泛传播,体现了人们对宴请活动时造成的铺张浪费有了一次理性的回归,也与国家严打贪污腐败,杜绝党内不良作风以及移风易俗开展新风尚的大思想不谋而合。这些都反映出中国休闲宴会必将走向节俭化和理性化。

六、注重体验

体验是休闲学中的术语,是指通过实践来认识周围的事物,是亲身经历,是从事某种活动的亲身感受。宴会要突出其休闲性,就必然要在饮宴过程中带给消费者畅爽的体验。由约瑟夫·派恩和詹姆斯·吉尔摩共同所著的《体验经济》一书中将体验按照吸收和参与的程度,分为娱乐体验、教育体验、遁世体验和美学体验四大类型。在宴会活动中,娱乐体验和美学体验最为重要。

1959年美国一餐厅将剧场搬进餐厅,形成餐饮剧场,客人品尝可口食品的同时欣赏美妙的歌舞表演,物质精神同时得到满足。类似的经营形式在我国也已屡见不鲜。巴蜀江南的变脸喷火表演、57度湘的厨师集体舞蹈、蕉叶餐厅的泰国风情舞蹈都以特色鲜明的娱乐表演来吸引消费者。另外,婚宴上的表演节目也变得精彩纷呈,二人转、魔术、乐器演奏、游戏互动等成为婚宴的一个重要组成。现代的宴会在进食时放音乐、观看舞蹈表演或提供其他形式的艺术欣赏已成为常事。音乐、舞蹈、绘画等艺术形式都将成为现代宴会乃至未来宴会不可缺少的部分。

美学体验是指对宴会厅环境装点、桌椅摆放、台面布置、服务员服装设计及配套的餐具、菜品的审美要求。举办宴会时，精心设计宴会环境、努力创造理想的宴会艺术境界，可使顾客在享受美味佳肴和优良服务的同时，还能从周围的环境获得相应的感受，保持宴会祥和、欢快、轻松的旋律，给宾客以美的艺术享受。如上海壹号码头酒店幽静的慢跑步道、唯美的水晶雕塑、ArtDeco 的建筑风格使其极具品味；来自时尚之都法国巴黎的上海爱菲尔主题婚礼会馆将唯美、浪漫的宴会文化带入东方时尚之都；广州的巴富西餐厅则选用仿古的欧式宫廷装修、黑色的奢华的大沙发、古式的精致灯具，还有墙上的挂画，仿佛回到中世纪的欧洲。

七、挖掘文化，突出主题

有特色的休闲宴会往往配有一个独特的主题。对于主题休闲宴会而言，菜品必须要和宴会主题相关。如以茶文化为主题休闲宴会，可配以碧螺春太极羹、碧落玉兔、香茶鹧鸪、龙井虾仁等菜色，以茶为食物原料。菜有提神、清心、养目、降胆固醇等功效，这样的菜单不但契合茶文化的主题，更注重了菜品的营养价值，与传统宴会大鱼大肉形成了鲜明的对比。在成都就有一家新派川菜的代表餐厅"蓉锦一号"，该餐厅推出的玫瑰宴可谓独具特色。该宴会所有的菜品均用到玫瑰食材，如玫瑰花瓣、玫瑰露、玫瑰酱等。餐前以玫瑰甘露茶（图2.19）漱口开胃，主菜包含玫瑰山药、玫瑰牛肉（图2.20）、玫瑰水晶、花玫瑰、玫瑰烤南瓜、花香焖土鸡（图2.21）、玫瑰萝卜燕等，汤为解暑玫瑰汤（图2.22），最后上点心玫瑰糍粑和玫瑰汤圆（图2.23），宴会用酒为玫瑰酿（图2.24）。无论菜品还是酒饮均契合"玫瑰宴"这一主题，新颖出众。

图2.19 玫瑰甘露茶

图2.20 玫瑰牛肉

图2.21 花香焖土鸡

图2.22　解暑玫瑰汤　　　　　　图2.23　玫瑰汤圆　　　　　　图2.24　玫瑰酿

八、户外宴会越来越受欢迎

　　中国人古来就爱在户外举办宴会，"曲江宴""游江会""花朝赏花筵"等均在环境优美的户外举行。少数民族更甚，蒙古族的"那达慕盛宴"就是在夏秋之交牛肥马壮草美的草原上举行。户外给人以放松、开阔的感觉，让人们能够更加体会到"休闲"一词的意义所在。近几年，户外宴会越来越受到消费者的欢迎，不少婚宴选择在草坪上举行。这是一种发展趋势，户外的宴会让人们感觉到大自然的气息，是许多年轻消费者所向往的。当然，户外举行宴会受到天气影响的程度较大，大风、雨雪都会给户外宴会的举办带来阻碍，如何解决这一问题也是宴会设计者所要面临的考验。

第三章 休闲宴会设计内容与模式

药沁宴设计内容[①]

本休闲宴会主题为"药沁",希冀以"药膳"、"绿色消费"为主题的宴会引起国人对的健康高度重视。"药沁"的含义：借助药食同源的原理,将中药渗入菜品之中,让客人在品尝菜品的同时也接受来自中药的滋补,另外药膳的健康饮食也可以沁人心脾。

● 休闲宴会菜单设计

本次以"药膳"为主、以"中国文化"和"绿色消费"为辅的主题潮流进行菜单方面的设计。其中,药膳主要借助于"药食同源"这一理论将充分发挥出食材的特性,并且选择适当的时间段来调养气血脾胃等,从而达到颐养生命的目的。

冷菜：白果云豆、川贝苦瓜、金银瓜条、百合萝卜、草果羊肉、鱼腥草莴苣

热菜：养元鸡子、巴戟蓯白爆白虾、鲜玉竹炒百合、双参肉、山楂白扁豆、菊花鱼

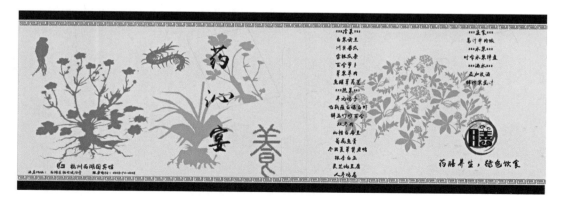

图3.1　休闲宴会菜单

---

① 本文案由浙江树人大学2012级旅游管理专业洪素素、胡雪、施瑜洁、王春霞、张舒菁、赵炉燕、周颖、俞奇超、张健、周海星等10位学生设计。

羹、冬虫夏草煲老鸭、银杏白玉、灵芝炖豆腐、人参鸡卷

主食：姜汁牛肉饭

水果：时令水果拼盘

酒品饮料：五加皮酒、鲜榨果蔬汁

● 休闲宴会台面设计

根据"中医养生药膳"的主题布置台面。台面中心为古典药家小院采集、晾晒药材的场景，古色古香的草庐小院、辛勤劳作的人们，院边的大树，表现的是中华药家古朴自然的理念。中心小院垫高，周边以鲜花作为点缀。

全景图	围栏细节图

图3.2　休闲宴会花台

味碟、骨碟、汤碗、汤勺、筷子、筷架、杯具等一系列餐具的设计紧密贴合中药的主题。将中药的LOGO印在骨碟上。一桌十套，每套餐具的LOGO均不相同。

图3.3　餐具摆台

● 休闲宴会环境设计

选择一片绿地或郊外别墅花园，或湖边草坪或依山傍水，经过精心装点，在阳光，草地之中与亲朋好友共同投入大自然的环抱，共享别致的氛围。

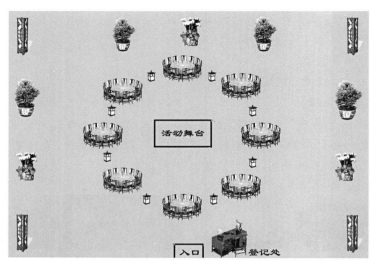

图3.4 宴会场地图

绿化：利用周围的自然景色与酒店准备的盆栽结合，起到画龙点睛的作用，营造出一种人与自然相融合、友好相处的氛围。主要以树和花的盆栽相间点缀。

灯光和色彩：主要采用白炽灯，通过调节亮度来达到气氛调节作用，其中场地中四个角落各有一个大照明灯照射，每一桌地上均放置两个小型照明灯，方便宾客入席和离座；在出菜秀时，将所有白炽灯关闭，利用淡绿色彩光，将全场灯光集中照射在服务人员身上，有助于宾客集中欣赏出菜秀；色彩以草坪的绿色为基调，衬以周围的花草树木点缀。

● 宴会服务及娱乐项目设计

准备工作——18:55之前

八知：知主人身份或主办单位，知宴会标准（桌数、人数），知开餐时间，知菜式品种，知宴客国籍，知邀请对象，知酒饮，知结账方式。

三了解：了解宾客风俗习惯，了解生活忌讳，了解特殊要求。

人员安排：宴会大厅需要的服务员人数、自由移动的服务员人数、宴会迎宾的人数、领班及厨房需要的人数都要安排准确。

场景布置：按照宴会要求布置场地，如摆放花篮、横幅、水牌等。

台形布置：按照宴会要求准备好餐具、酒水、饮料；检查餐具是否整洁、有无破损、桌椅是否整洁、地面清洁等。

熟悉菜单：每上一道菜，服务员都要报出菜名，讲出它的功效，某些菜要设计菜的吃法。

菜品准备：宴会开餐前30分钟领取酒水，提前20分钟上桌，提前10分钟上凉菜。

上菜及席间——19:00—21:00

上菜顺序遵循"先冷后热、先咸后甜、先炒后烧、先清淡后肥厚"的原则；上菜动作做到"清、准、正、平"，找准上菜口；摆菜讲究对称，大拼盘、头盘放中间，菜品在讲究艺术造型的同时要对准主位。

席间,工作人员根据不同宾客的要求尽量满足,处理意外情况。首先,做好自身职责,做到三勤服务:勤换骨碟、烟缸、毛巾,勤撤空杯、空碗,勤斟倒酒、饮料、茶水。其次,面对意外状况及时处理。最后,要不时巡视,观察宾客用餐状况,以便及时处理好一切突发状况。

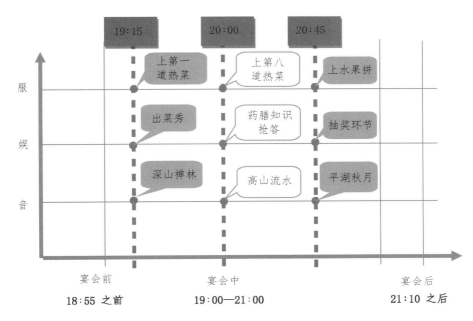

图3.5 服务、娱乐、音乐三条主线设计

音乐:在宴会大厅入口处安排演奏乐队,主要演奏古典乐,乐曲为《山丹丹开花红艳艳》《梅花三弄》《渔舟唱晚》《梁祝》《高山流水》《笑傲江湖》《平湖秋月》《牧羊曲》《深山禅林》《夜深沉》等。

【问题】什么是休闲宴会设计的内容、要求和基本要素?

第一节 休闲宴会设计的内容、要求和基本要素

所谓休闲宴会设计,是指根据宾客的要求、承办单位的物质条件和技术条件等因素,对休闲宴会环境、筵席台面、宴会菜单及宴会服务程序等进行统筹规划,并拟出实施方案和细则的创作过程。休闲宴会设计既是标准设计,又是活动设计。所谓标准设计,是指宴会设计如同建筑设计、服装设计一样,它是对宴会这个特殊商品的质量标准(包括服务质量标准、菜点质量标准)进行的综合设计。所谓活动设计,是指休闲宴会是一种众人聚会的社交活动,它是对宴会这种特殊的宴饮社交活动方案进行的策划、设计。

一、休闲宴会设计的内容

休闲宴会设计的内容十分广泛，依据目前的层次和内涵来看，应包括休闲宴会环境设计、休闲宴会台面设计、休闲宴会菜单设计、休闲宴会流程设计等。

（一）休闲宴会环境设计

宴会环境设计是指宴会举办场地及其周围环境的设计。宴会环境包括大环境和小环境两种，大环境就是宴会所处的特殊自然环境，如海边、山巅、船上、临街、草原蒙古包、高层旋转餐厅等。小环境是指宴会举办场地在酒店中的位置、宴席周围的布局、装饰桌子的摆放等。宴会场景设计对宴会主题的渲染和衬托起奠基作用，若是能利用好大环境和小环境，收效将无可比拟。

（二）休闲宴会台面设计

休闲宴会台面设计就是根据一定的进餐目的和主题要求，将各种餐具和桌面装饰物进行组合造型的创作过程，它包括台面物品的组成、台面物品的装饰造型、台面设计的意境等。台面设计是休闲宴会设计的一个重要内容，它在烘托休闲宴会气氛、突出宴会主题、提高宴会档次、体现宴会水平等方面具有重要作用。

（三）休闲宴会菜单设计

休闲宴会菜单设计是休闲宴会设计的核心，它是对休闲宴会菜单及其组合进行科学、合理的设计。休闲宴会菜单设计是以人均消费标准为前提，以顾客需要为中心，以本单位物资和技术条件为基础的综合菜谱设计。其内容包括各类食品的构成、营养设计、味形设计、色泽设计、质地设计、原料造型设计、烹调方法设计、数量设计、风味特色设计等。

（四）休闲宴会流程设计

休闲宴会流程设计，是对整个休闲宴会活动的程序安排、服务方式规范等进行的设计。其内容包括接待程序与服务程序、行为举止与礼仪规范、席间乐曲与娱乐杂兴等。宴会程序与服务设计是确保宴会圆满成功的重要因素之一。一个大型休闲宴会如果在程序安排上稍有不慎，或是在宴会服务过程中稍有闪失，往往会造成不良后果，这种事例在日常经营服务活动中时有发生。

二、休闲宴会设计的要求

（一）牢固地确立科学的宴会饮食营养观

应该毫不讳言地承认，在中国传统宴会中，讲究宴会饮食营养，几乎就没有找到过立足之地。古代有识之士也曾提过："人之可畏者，衽席饮食之间，而不知为之戒过也。"每宴时必"恣口腹之欲，极滋味之美，穷饮食之乐，……安能保合太和，以臻遐龄"（《寿世保元》）；"安身之本，必资于食，……不知食宜者，不足以存生也"（《千金方》）。然而这并未引起世人的重视。时至今日，人们又痛心地发现，这种状况并没有多少改进。凡宴必山珍海味铺陈于席，暴饮暴食，不讲营养、不讲卫生的现象并不鲜见。这种状况的根本改变有赖于多方向的共向努力。首先对于休闲宴会设计而言，必须牢固地确立起科学的宴会饮食营养的设计观，以中国饮食养生理论和现代营养学科学理论指导宴会饮食结构的编排、烹饪操作、食制选择，大胆地摒弃不科学的传统糟粕，真正将宴会设计纳入科学营养的轨道，使其健康地发展。

（二）突出主题

任何休闲宴会都是带有一定社交目的的活动，这种"目的"亦即宴会主题。围绕宴饮目的，突出宴会主题，是休闲宴会设计的宗旨。例如政府举办的国宴，目的是想通过宴饮达到相互沟通、友好交往的目的。围绕这一目的，在设计上就要尽量突出热烈、友好、和睦的主题气氛。再如民间举办婚宴，目的是让众多的亲朋好友前来祝贺新郎、新娘喜结良缘。围绕这一目的，在设计时就要突出吉祥、喜庆、佳偶天成的主题意境。总之，根据不同的宴饮目的，突出不同的宴会主题，是宴会设计的起码要求；反之，如果不了解顾客的宴饮目的，宴会设计脱离了宴会主题，那么轻者可能会导致顾客投诉，重者可能会导致整个宴会失败。

（三）特色鲜明

休闲宴会设计贵在"特色"，一个成功的宴会必然有它独特的风格。这种特色或表现在菜点上，或表现在酒水上，或表现在服务方式上，或表现在娱乐上，或表现在环境布局上，或表现在台面设计上等。有人说，世上没有完全相同的两片树叶；同样，世上也没有完全相同的两场宴会。这是因为不同的进餐对象，由于年龄、职业、地位、性格等不同，其饮食爱好和审美情趣各不一样，因此在休闲宴会设计时应有所区别，不可千篇一律。即使是同一组人在不同时间设宴，也至少应该在菜点设计上有所变化，不可雷同。

休闲宴会的特色集中反映在它的民族特色或地方特色上。特别是近几年，随着旅游业的发展，人们每到一地旅游，都希望能领略到异域他乡的民风民俗，欣赏到与本地区、本民族不同的异质文化。休闲宴会就是一种最能够反映一个地区或民族淳朴民俗风情的社交活动，它往往通过地方名特菜点、民族服饰、地方音乐、传统礼仪等，展示宴会的民族特色或地方风格。

（四）舒适愉悦

休闲宴会既是一种欢快、友好的社交活动，同时也是一种颐养身心的娱乐活动。赴宴者乘兴而来，为的是获得一种精神和物质的双重享受，因此，"舒适愉悦"是所有赴宴者的共同追求。"舒适愉悦"的含义比较抽象，不同的人、不同的消费档次、不同等级的酒店，对"舒适愉悦"的要求程度各不一样，但是，优美的环境、清新的空气、适宜的室温、可口的饭菜、悦耳的音乐、柔和的灯光、优质的服务是所有赴宴者的共同追求，也是构成"舒适愉悦"的重要因素。为了满足宴会主办者（包括赴宴者）对"舒适愉悦"的要求，宴会设计师在进行休闲宴会综合设计时，要把"舒适愉悦"作为一项前提条件进行筹划和设计，以期达到理想的效果，尽量满足顾客的要求。

（五）美观和谐

休闲宴会设计从某种角度来看，它是一种"美"的创造活动，宴会环境、台面设计、菜点组合、灯光音响，乃至服务人员的容貌、语言、举止、装束等，都包含许多美学内容，体现了一定的美学思想。休闲宴会设计就是将宴会活动过程中所涉及的各种审美因素，进行有机的组合，达到一种协调一致、美观和谐的美感要求。

（六）科学核算

休闲宴会设计从其目的来看，可分为效果设计和成本设计。前面谈到的四点要求，都是围绕宴会效果来讲的。其实，作为酒店举办的宴会，最终目的还是为了赢利，因此，在进行休闲宴会设计时，时时处处要考虑成本因素，对宴会各个环节、各个消耗成本的因素要进行科学、认真的核算，确保宴会的正常赢利。否则，只顾宴会效果（俗称社会效益），不顾宴会成本的设计，不是成功的休闲宴会设计。

三、休闲宴会设计的基本要素

休闲宴会设计包含人、物、境、时、事五个基本要素。

（一）人

"人"包括设计者本人及餐厅服务人员、厨师、宴会主人、宴会来宾等。宴会设计者的学识水平、工作经验是休闲宴会设计乃至宴会举办成功与否的关键。休闲宴会设计者是宴饮活动的总设计师、总导演、总指挥。餐厅服务员是休闲宴会设计方案的具体实施者，休闲宴会设计者要根据服务人员的具体情况，作出合理的分配和安排。

厨师是休闲宴会菜品的生产者，休闲宴会设计师要充分了解厨师的技术水平和风格特征，然后对筵席菜单作出科学、巧妙的设计。宴会主人是休闲宴会商品的购买者和消费者，休闲宴会设计时一定要考虑迎合主人的爱好，满足主人的要求。宴会来宾是休闲宴会最主要的消费者，休闲宴会设计时要充分考虑来宾的身份、习惯和爱好等因素，从而进行有针对性的设计。

（二）物

"物"是指休闲宴会举办过程中所需要的各种物资设备，包括餐厅桌、椅、餐具、饰品、厨房炊具、食品原料等，这些"物"的因素是休闲宴会设计的前提和基础。休闲宴会设计必须紧紧围绕这些硬件条件进行，否则，脱离实际的设计肯定是要被否定的。这也是休闲宴会设计所要遵循的一条基本原则。

（三）境

"境"是指休闲宴会举办的环境，它包括自然环境和建筑装饰环境等。休闲宴会设计要考虑环境因素，同样环境因素也影响休闲宴会设计。繁华闹市临街设宴与幽静林中的山庄别墅设宴不一样；豪华宽敞的大宴会厅与装饰典雅的小包房设宴不一样；金碧辉煌的现代餐厅设宴与民风古朴的竹楼餐厅设宴不一样。因此，"境"是休闲宴会设计不可忽视的一个重要因素。

（四）时

"时"是指时间因素。包括季节因素、中餐晚餐、订餐时间与举办时间、宴会持续时间、各环节协调时间等。"时间"是休闲宴会设计不可或缺且有一定影响的重要因素之一。季节不同，筵席菜点选料有别；中餐设宴与晚餐设宴性质也存在一定差异；订餐时间与举办时间的距离长、短，决定休闲宴会设计的繁、简；宴会的持续时间，决定服务方式和服务内容的安排；大型休闲宴会各项活动内容的时间安排与协调，影响整个宴饮活动的顺利进行。因此，"时间"是休闲宴会设计的先决条件。

（五）事

"事"是指休闲宴会为何事而办、达到何种目的，这也是休闲宴会设计师在宴会设计之前和设计过程中应该考虑的重要因素之一。不同的休闲宴会，其环境布置、台面设计、菜点安排、服务内容是不尽相同的，宴会设计要因"事"设计，设计方案要突出和针对休闲宴会主题，紧扣不偏，也不能雷同。

休闲宴会设计就是要根据人、物、境、时、事五大要素反馈的信息，充分利用各方面知识，进行科学、合理的设计，以期达到满意的效果。

第二节　休闲宴会设计的模式

休闲宴会设计模式就是构成宴会有序性设计系统的标准样式。根据设计的性质及其创新程度，一般将休闲宴会设计分为两种不同的设计模式，即常规性休闲宴会设计模式和创造性休闲宴会设计模式。

一、常规性休闲宴会设计模式

（一）常规性休闲宴会设计的定义

常规性休闲宴会设计就是根据明确的宴会任务及其目标要求，套用现成的某种宴会格局，凭借丰富的设计经验，直接形成休闲宴会实施方案的规划过程。

（二）常规性宴会设计的特点

1. 设计对象是经常再现的宴会任务

在饭店企业的宴会经营活动中，每天都会碰到宴请聚餐、迎来送往的酒宴，承接婚宴、寿宴、团圆宴及其他喜庆宴会任务，这类宴会是司空见惯的"老面孔"，再现的概率大。

以婚宴为例，除农历的 5 月、7 月外，其余逢农历初六、十六、二十六这样的"六六大顺"的"吉日"，市区各星级酒店、社会大型餐饮店承接的宴会基本上都是结婚喜宴。据报道，有的大酒店一年中仅承办的结婚喜宴就多达 2 万—5 万席。由此可见，常规性宴会设计的对象，是再现概率大的宴会任务。

2. 设计的目标要求具有相似性

由于承接的宴会任务在价格水平、饮宴方式、菜品认同上并没有质的区别，因此，在设计的目标要求上也具有相似性。

3. 设计的内容具有相对固定性

相近的设计任务、相似的目标要求，随之产生的是相对稳定的设计内容。以休闲宴会菜单设计为例，通常是根据不同的价格水平，设计在风味特色上大同小异的系列宴会菜单，以便供顾客选择。

饭店企业常常把同类宴会进行分档次、成系列的设计，即所谓"套宴"。例如，套装婚宴设计有两种形式，一种是只按档次设计套宴，还有一种是以庆祝结婚年限来区分档次设计套宴，如天赐良缘宴、珊瑚婚宴、明珠婚宴、翡翠婚宴、银婚宴、钻石婚宴、金婚宴等。又如，套装寿宴、套装合家欢乐宴、套装生意兴隆宴、套装年夜饭……每一套系列中，分出价格档次的差别，同一价格档次中，再分出几种方向的菜单。这样的设计在内容上具有明显的相似性和稳定性的特点，可以保证反复重演。

4. 设计的结果具有可预见性

在常规性宴会设计中，相对稳定的设计内容是经过宴会实践反复验证、为大多数消费者接受的。设计人员积累了丰富的设计经验，所以，在设计中，一般是直接套用现成的宴会格局，便直接进入各部分的细节设计，例如编排宴会菜单、设计菜点工艺规程和服务规程，在此基础上，综合形成设计方案，根据设计任务要求进行检查与完善。这个设计过程是快捷的，设计的结果是可以预见的，是能令人满意或基本满意的。

（三）常规性宴会设计模式

根据对常规性宴会设计特点的分析，其设计步骤可用图3.6来表示。

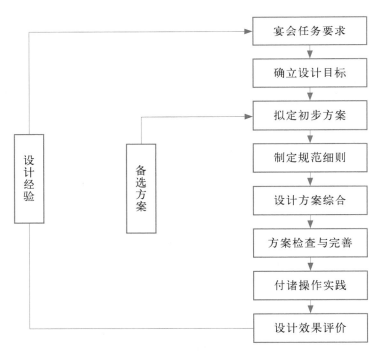

图3.6　常规性休闲宴会设计模式

二、创造性休闲宴会设计模式

（一）创造性休闲宴会设计的定义

创造性休闲宴会设计就是根据新的宴会构思及其确立的目标要求，在没有先例可以参照的情况下，经过反复的否定和实验，构造新的休闲宴会实施方案的规划过程。

（二）创造性休闲宴会设计的特点

1.设计构思新颖合格

创造性休闲宴会设计首先是一种有新的创意的设计。这种"新"，表现在构思的新。只有构思新，才会孕育并产生新的"前所未有"的宴会。例如，"饺子宴"的创制，源于西安解放路饺子馆张兴寿老师傅的"灵光一闪"：人家搞这个宴会、那个席面，咱们就不能搞几种饺子宴？这是一件前人没有想过更没有去做过的事，因为在常人眼里，饺子是充饥填肚子的小吃，在正式筵席上只是充当微不足道的配角，哪能登"大雅之堂"呢？又比如，扬州"红楼宴"，是源于著名红学家冯其庸先生把扬州菜和红楼菜结合起来的红学新思考。仿唐菜点"仿唐宴"的出现，也是源于烹饪研究人员有感于唐代菜点史料的价值而萌发的想法。

2.设计过程是一个反复否定的过程

要把新颖的创意用于实实在在的宴会上，其间还有很多艰苦细致的工作要做，甚至要经历失败的煎熬。

下面提供的是一例饺子宴菜单和一例全笋宴菜单。

西安饺子宴菜单——龙凤宴

油酥寿桃	四喜临门	天花群味	八宝拜寿	金钱鱼肚	五彩缤纷
御膳墨珠	双鱼戏饺	糖醋五香	肉笋蒸饺	香菇玉兰	麻酱鲍鱼
燕窝汤	香菇里脊	鸡米番茄	干贝煎饺	花边莱菔	冬蓉蒸饺
虾仁蒸饺	海三鲜	蚕豆香	甲鱼蒸饺	冬笋山鸡	丹顶翡翠
绣球干贝	童鸡双味	望天豆蓉	碧海藏珍	精制水饺	太后火锅

宜宾全笋宴

冷菜：宣腿笋片　　发菜笋卷　　酱烧笋丁　　玉笋脆肚　　卤炸冬笋　　虾仁笋花

彩盘：竹海风光

热菜：金钱竹荪　　锅贴冬笋　　笋燕鲜贝　　吉庆鱼花　　糖醋冬笋　　冬笋凤翅鱿鱼卷
　　　玉笋鸭卷　　五彩笋丝　　脆笋果羹　　酸辣笋衣

小吃：宜宾燃面　　午时粑　　叙府发糕　　千层饼

饭菜：鱼香笋丝　　烧拌冬笋　　碎米冬笋　　笋烧白

上述两例宴会菜单是已经完成的设计，从有设计创意、构思走到这一步，把饺子从只能充作小吃的地位，提升为由30道饺子品种构成的饺子宴，其变幻之妙几近不可思议。笋从只能做配菜的地位，焕然成为以笋为先、菜菜见笋的全笋宴，其构造之功令人赞叹不已。然而这一结果却是经历了一个充满变数、反复否定的过程。

设计之初人们对设计对象和所要确立的内容是缺乏深刻认识的，例如，宴会菜单采用何种结构模式，选用并确定哪些菜品更为合理，菜品的原料、配比、生产工艺流程和质量标准如何确定，宴会服务采用哪种形式、服务程序是什么、宴会整体方案如何编制等。所有这些都需要具体化，具有可操作性，但又都不确定，甚至一无所知。由于不确定性，才更富有挑战性，走前人没有走过的路，去探索未知的设计领域；由于不确定性，才更需要有严谨的科学态度、历经挫折而又百折不挠的意志品质。反复否定是从始至终贯穿于整个设计过程之中的，需要反复地寻找、试错，找到解决问题的正确答案，即通过否定的形式，实现肯定的结果。

3. 需要集体的协作和反复的实验

任何一个新的未知的宴会设计，如果仅仅靠个人的设计智慧、经验、技能是难以完成的。从众多创造性宴会实例来看，其成功都和一个集体分不开，和实验的支撑分不开。扬州"红楼宴"的研制小组，是由著名红学家、烹饪专家、美食家和厨师组成的；西安"饺子宴"的技术研制小组，是具有"饺子大王"美誉的张兴寿老师傅主持，领导、专家、面点师、青年艺徒组成的。这就是说，创造性宴会设计必须有研制组或课题组这样的集体作为依托。

据资料介绍，"饺子宴"研制小组成立后，他们"三下宝鸡，六出潼关，走遍大江南北，博采众家之长，到全国各地去取经"；他们"奔图书馆、博物馆查阅资料，考证历史，收集典故"；他们召开"大动脑筋，各抒己见，集思广益"的设计论证会。至此，设计还只是想象之中和纸上的符号的设计，决定设计能否成功的另一至关重要的因素是实验验证。通过实验，才能知道设计的菜品和服务方式及程序的可行性、合理性到底怎么样。所以，需要在确定理想方案之后，组织有步骤的实验研制，从单个的、分部类的菜点到一席的全部菜品，有的实验次数可能会少些，有的则是多次的反复实验。于是，参加"饺子宴"研制的人，他们"奔市场、商店去寻觅采购各种原料"，他们为包制"珍珠饺"难煞了，"50克面擀12个皮，比普通饺子皮缩小了一倍，不行，擀成30个，还得再小，再小……擀到170个，小得让人难以想象了。薄如纸厚，小如一分硬币。分毫之上，还要捏制花型，实在不是件容易的事儿。练！"一个"练"字，包含了多少次实验、多少艰辛，谁也记不清，但"珍珠饺"就在千锤百炼之后做成了。一个品种尚且如此"练"出，一席更显其难。此后还需要进行模拟实际的操演，邀请专家们品评、认证、鉴定，听取意见，一次、两次，有时甚至是几十次的操演、调整、修正，直至完善。

有了集体的协作和反复的实验，西安解放路饺子馆的"饺子宴"终于脱颖而出，浓浓的饺香随着荡漾春风飘洒古城。据闻，扬州宾馆的"红楼宴"也是这样硬给"逼"出来的。否则，谁也不能保证设计与实际效果的一致性。

4. 具有多重价值取向

如果宴会设计是推动饮食文化创造和宴会发展的重要手段的话，那么创造性宴会设计必然呈现出经济的、文化的、心理的、历史的、社会的、审美的等多方向的意义，这是毋庸置疑且被一再证明的事实。"饺子宴""红楼宴""仿唐宴""孔府宴""三头宴"……所有创造性宴会皆如此。

西安饺子宴是中国几千年筵宴史上从来没有过的宴席。其构成由煎炸饺、蒸饺、甜汤、煮饺、火锅为主体,配以酒水、冷菜、水果等内容。饺子宴的食序是:酒水→冷菜→煎炸饺→蒸饺→甜汤→蒸饺→煮饺(包括火锅饺)→水果。饺子宴自1984年5月1日问世后,以它鲜明的地方特色、浓郁的时代气息、独具一格的风味,受到广大食客的认可和赞赏,被誉为"神州一绝"。在最初的3年零7个月,品尝饺子宴的食客超过30余万人次,经营规模迅速扩张,在西安、杭州、哈尔滨开了4家分店,在日本东京挂起了"中国西安解放路饺子馆"的金字招牌,影响扩至海外。不仅如此,技术培训和输出也是成绩斐然,共接待全国20多个省市、300多人的技术培训。出此可见,创造性宴会的影响力和价值之巨大。

在扬州,如果品尝"红楼宴",人们会为它的魅力所折服。在典雅富丽的红楼餐厅里,身着清代古装的服务员,依次奉上"大观一品""贾府冷碟""宁荣大菜""怡红细点",娓娓述说着它们各自的文化背景、包含的典故,不仅使人领略其中的滋味,还启发人悠悠遐想,耳畔不时传来优雅轻扬的古筝乐曲声,沉浸在如此诗化欢乐的饮宴氛围之中,身心是何等的充盈和愉悦。冯其庸教授为此题诗云:"天下珍馐属扬州,三套鸭子烩鱼头,红楼昨夜开佳宴,馋煞九州饕餮侯。"

（三）创造性休闲宴会设计模式

根据对创造性休闲宴会设计特点的分析,其设计步骤可用图3.7来表示。

从模式图中,有以下五点值得注意。

（1）收集资料是设计的基础。只有收集、占有充分的相关资料,研究和优选资料,才能有助于设计方针、目标的确定以及方案的完成。

（2）确立正确的设计方针和目标至关重要。这里涉及设计方向的问题,如果设计方针和目标偏离了,其后的设计就偏得更远了。王子辉先生主持仿唐菜点和仿唐宴研究时,确立的五条设计原则概括为"实、精、真、象、新"。"实"是指史料可靠,有根有据;"精"是指取其精华,剔其糟粕;"真"是指原料古今皆有的,不作伪;"象"是指保持唐代的古风遗韵;"新"是指仿古不复古,古为今用。有了正确的设计原则,设计才能向着预定的目标前进。

（3）检验理想设计方案可行与否,主要依赖实验的手段。如果方案可行,则根据实验结果,对理想方案进行修订和调整。如果方案不可行,则回溯到理想方案,重新制订。

（4）实际模拟操演是全部宴会形式与内容的展示。其效果令人满意与否,是检验和评价宴会是否圆满的必要手段。从操演的实际情况分析,因为这是在设计研制圈外的他人的评价,所以这个过程往往是有反复的,或者是有细节方面的不足,一般而言,全部的否定是很少有的。因此,需要根据品尝鉴定人提出的建议,对设计方案再进行修订和调整,使之完善。

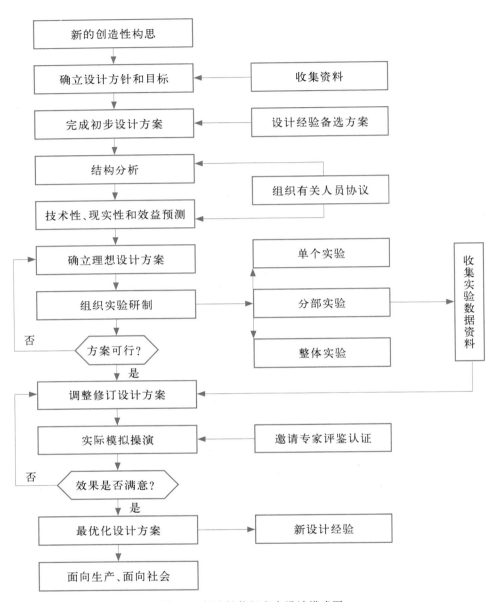

图3.7　创造性休闲宴会设计模式图

（5）所谓最优化设计方案指的是相对状态下的最优。也就是说，还需要在生产服务实践中、在面向社会经营的运行中接受检验和评价，在发展中再提高水平。

第二部分

方 法 篇

第四章 休闲宴会环境设计

丝绸之路休闲商务宴会的环境设计

北京一家五星级饭店应一美国学者要求,设计了以"丝绸之路"为主题的休闲商务宴会。该休闲宴会把环境氛围设计为:从宴会厅的3个入口处至宴会的3桌主桌,用黄色丝绸饰成蜿蜒的"丝绸之路";宽大的宴会厅背板上,蓝天白云下一望无际的草原点缀着可爱的羊群;背板前高大的骆驼昂首迎候着来宾;宴会厅的东侧设计了古老的长城碉堡,西侧有一幅天山图背板,宽大的舞台上有一对新疆舞蹈演员在载歌载舞。16张宴会餐台错落有致地散立于3条"丝绸之路"左右,金黄色的座椅与丝绸颜色一致,高脚水晶杯和银质餐具整齐地摆放在白色台布上。服务员着维吾尔族民族服装,伴随着欢快的新疆"牧歌",休闲宴会的氛围像热浪一般汹涌澎湃。

【问题】休闲宴会环境设计的构成要素、原则和方法是什么?

第一节 休闲宴会环境设计的基本知识

休闲宴会环境设计是指宴会举办场地及其周围环境的设计。宴会环境包括大环境和小环境两种,大环境就是宴会所处的特殊的自然环境,如海滨、游船、山水大自然之间等。小环境就是指宴会举办的场地。休闲宴会环境设计对宴会主题的渲染和衬托具有十分重要的作用,直接影响着宴会对来宾的体验感受与视觉吸引力,关系到宴会活动的成败。

休闲宴会环境的创造与设计是一项涉及旅游、宗教、文化、艺术、装饰材料、工艺美术、美学欣赏等多方面的复杂工作。

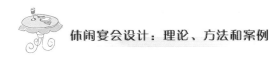

一、休闲宴会环境的构成要素

（一）场地环境要素

休闲宴会场地环境由场地大小和虚实、陈设和装饰、灯光和色彩、清洁卫生、空气质量和温度，以及家具陈设等因素组成。

休闲宴会场地有大有小，单间单桌宴会厅的环境布局已定型；大宴会功能多样，场地布局复杂。不同的情况需要不同对待，不同场地的建筑风格也会直接影响休闲宴会环境的整体设计。这是休闲宴会环境布局设计的重点。

1. 自然环境

休闲宴会举办场地的自然环境，如湖边、船上、闹市等。每一个餐厅或酒店都是融于特定的自然环境中。良好的自然环境对休闲宴会主题、进餐者心理、宴会举办的效果都会有积极的效果，增加人在宴饮时的愉悦感。

自然环境是天成的，浑然天成的自然环境需要设计师合理选择和利用，即"借景"。如杭州著名的"楼外楼"酒店坐落在景色清幽的孤山，面对淡妆浓抹的佳山丽水。为了充分利用西湖的景色，在餐厅的二楼设计了落地窗，让宴饮者在就餐的同时将西湖风景尽收眼底。

2. 建筑主题风格环境

餐厅建筑环境包括酒店建筑风格和餐厅装修特点。我国餐厅风格各具特点。

宫殿式，以再现中国古代帝王的住所为目的，朱红色的盘龙柱、彩绘梁枋、万字彩顶等形式的装修风格，都在营造一个富丽堂皇、华丽炫目、金碧辉煌的经典宫殿建筑风格。如北京仿膳饭庄、天津登瀛楼龙宴厅都是典型的宫殿式建筑风格。

园林式，意在表现园林环境特有的悠然、清新、静怡、雅致的风格特点。其中以表现江南私家园林小桥流水、曲径通幽、清幽静雅为多。有将餐厅坐落于某一园林环境中，体验"开窗面秀色，把酒话春秋"的惬意，如北京颐和园的"听鹂馆"、扬州的"宜雨轩"等；也有在餐厅中设置假山石、亭台楼阁，模拟园林景观，如杭州的"天香楼"。

民族式，可以根据我国不同民族的建筑风格特点设计，如伊斯兰风味、傣族风格餐厅；也可以根据地域文化特征设计，如楚文化、吴文化、齐鲁文化等。

现代式，即西式风格，建筑风格多以组合式的平构元素、多变的色彩搭配、多元化的西式建筑分割为设计特点，符合都市年轻人的审美。

综合式，即没有纯粹的设计风格，也就是现在说的"混搭风格"。集各家所长，适合顾客的多方面审美需求。

移动式，如游船、旋转餐厅、火车餐厅等，具有进餐环境的移动性特征，给人以新鲜感。

主题式，即根据特定的主题，以主题为中心展开的相应设计，如吴地人家北京翠微店是以《红楼梦》文化为主题的餐厅，餐厅的建筑设计参考《红楼梦》中描绘的故事情节和场景，创造出具有特色的主题餐厅。

（二）色彩要素

色彩是休闲宴会环境设计中可视效果最强烈的重要影响因素。需要理解的是世界上的物体都是有颜色的，物体的颜色和周围的颜色可能是相互协调或相互排斥，也可能混合反射，这样就会引起视觉的不同感受。这种引起视觉感受变化的客观条件可称为色彩的物理效果。也就是说色彩的混色效果可以引起人对物体的形状、体积、温度、距离的感觉变化。这种变化往往对休闲宴会环境设计的效果起着决定性的作用。

色彩既有冷暖之分，又有饱和度、明暗度的不同，还存在着各种调性等，同时设计色彩又有一定的难度。

1. 色彩在休闲宴会设计中的功能

（1）突出主题。在休闲宴会环境设计中，大胆巧妙地使用色彩，可突出主题内容，更完美地展示休闲宴会主体形象和传达特定的信息。

（2）改变空间感。充分运用色彩给人的心理感受，能产生空间大小的变化。浅而鲜亮的颜色通常有扩大空间感的作用；明度低、纯度低的颜色则使得空间显得狭小压抑。

（3）分割空间。在一个统一的大空间里，通过不同区域色彩的变化，可划分出不同的空间。

（4）丰富层次。利用色彩对空间的划分、延续与融合，能产生丰富的变化或者相互渗透，从而增添空间的层次感和整体感，在统一中寻求变化。

（5）调节气氛和情绪。色彩在空间中传递情绪的作用非常明显，不同的色彩使人产生不同的心理感受，也营造出不同的环境气氛。

2. 色调

一个空间的色调是由这个空间中占最大面积、起支配作用的色彩或色光所决定的。把复杂的色彩搭配形式统一在某一种色调中，增加空间的整体感和凝聚力，不至于各个色彩元素显得杂乱无章。

依据环境色光的亮度和所用色彩的明度，色调可以分为：高调、中调和低调。

依据纯度关系，色调可分为：纯色调和灰色调。

依据色相关系，色调可分为：单色调、邻近色调和对比色调。

依据冷暖关系，色调可分为：冷色调和暖色调。

3. 色彩的心理感受

不同的色彩能使人产生不同的心理感受。一般意义上说，每种色彩会给人特定的心理感受（表4.1），但这种心理上的感受还可能因为年龄、性别、民族的不同而有相当的差异。因此，在进行休闲宴会环境色彩设计时，设计人员必须充分考虑到具体的对象。

在宴会色彩设计的实际应用中，红色、橙色、黄色、绿色、蓝色和紫色是经常使用的色彩。

（1）红色：是强有力的色彩，是热烈、冲动的色彩，高度的庄严肃穆。

表 4.1　典型色彩的不同心理感受

色彩	绿色	红色	橙色	黄色	棕色	紫色	蓝色	白色	黑色
温度感	冷冽	温暖	很温暖	很温暖	中性	冷	冷	偏冷	中性
情感	平静悠然	兴奋刺激	使人激动	使人激动	使人激动	不安压抑	宁静深远	不压抑	抑制压抑

（2）橙色：是十分快乐活泼的光辉色彩，是暖色系中较温暖的颜色。

（3）黄色：是亮度最高的色彩，在高明度下能保持很强的纯度。

（4）绿色：鲜艳的绿色非常美丽、优雅、充满生机。

（5）蓝色：是博大的色彩，是永恒的象征。蓝色很冷，透着一股平静、理智与纯洁。

（6）紫色：是非常神秘的色彩，给人印象深刻，时而给人以压迫感，时而富有威胁性，时而有虔诚之意。

（三）灯光照明要素

灯光照明是休闲宴会环境设计的重要点缀，起着控制整个环境气氛的作用。良好的灯光照明艺术对完善空间功能、营造环境氛围、强化环境特色、定位场所性质、增强菜品食物的展示效果等都起着至关重要的作用。

可根据休闲宴会主题的不同，选择适宜的光照艺术。设计人员应该根据休闲宴会的整体设计理念的不同，充分把握宴会厅的地面、墙壁、天花板的颜色以及放置的灯具、道具和餐盘器皿的素材和颜色之后，再进行照明设计的整体计划。

1. 照明的分类

直接照明，是指光线直接照射到背景墙、地面、天花板上，使得整个室内光线均匀分布，明暗对比不太强烈。

间接照明，是指照明光线射向天花板后，再由顶棚天花板反射回地面或四周的墙面，光线均匀柔和、没有炫光。

漫射照明，是指光线均匀地向四面八方散射，没有明显的阴影。

聚光照明，是指照明光线集中投射到餐桌或背景舞台上，强调重点对象。这种形式易产生炫光，照明区与非照明区形成强烈对比。

2. 常用照明的灯具

常用的照明的光源有白炽灯、卤钨灯、荧光灯、高压汞灯、钠灯、霓虹灯、节能型射灯，每种光源又有各种类型和规格的灯具。

白炽灯，就是一般的白炽灯泡，显色性好、开灯即亮、明暗可调、成本低廉，但是寿命短、光效低，常用于走道等部分的照明。

卤钨灯，指填充气体内含有部分卤族元素或卤化物的充气白炽灯，具有普通照明白炽灯的特点，但光效和寿命却更好，且体量小，常常作为射灯用于展示厅、建筑空间、舞台等。

荧光灯，俗称日光灯，具有光效高、寿命长、光色好的特点。荧光灯有直管型、环型、紧凑型等，是应用范围广泛的节能照明光源。

低压钠灯，发光率高、寿命长、透雾性强，显色差，常常用于对光色要求不同的场所。

低强度放电灯，具有采用功函数较低、工作温度较低、发射率较高，并且显示寿命较长的特点。

高强度气体放电灯，有荧光高压汞灯、高压钠灯和金属卤化灯等类型。其中金属卤化灯具有寿命长、光效高、显色性好的特点，常用于橱窗、重点展示等部分的照明。

（四）氛围要素

什么是氛围？"氛围"在《现代汉语词典》中解释为"周围的气氛和情调"，包含了客观的环境和主观的感受这双重含义。氛围是环境给人的总体印象，通常所说的轻松活泼、庄严肃穆、安静亲切、欢乐热烈、朴实无华、富丽堂皇、古朴典雅、新颖时髦等就是用来表述氛围的。氛围看不见、摸不着，却可以用心感受，并潜在地影响我们的情绪。

氛围设计度是通过对客观环境精心的组织和安排，运用光、形、色、声、味等要素刺激感官以使人获得宝贵的情感体验，如同人们可以在富丽堂皇的餐厅里彬彬有礼，而同一个人又会在牧歌式的乡村酒吧里谈天说地，甚至在震耳欲聋的迪斯科舞厅中劲舞。不同的氛围设计能够使人产生不同的情感，从而在一定的程度上鼓励或限制人的行动。因此，我们也可以称氛围设计是情感的"孵化器"、生活的幻境。

在休闲宴会设计中，影响餐饮交流情绪、沟通情感的因素很多，而休闲宴会设计的主题氛围则是其中一个重要的因素。由于人的精神交往与社会交流目的不同，休闲宴会的主题也呈现出多元化状态，并以不同的宴会文化风格和餐饮审美氛围呈现出来。休闲宴会的多主题特征，要求宴会氛围设计具有不同的风格特征。休闲宴会氛围设计要兼顾不同文化阶层的不同审美心理，借助空间结构、艺术造型、表现手法、气氛形式等各种视觉、听觉、味觉、触觉等，有时还需要借助互动新媒体技术手段，来表现休闲宴会设计的艺术美感、文化主题与精神特色，满足现代人对氛围的多感官体验要求。常用的氛围设计要素包括空间环境、色彩、陈设等。这些元素作为统一整体的组成部分，相互作用、相互影响。

随着人们对用餐环境要求的不断提升，氛围设计也呈现出多元化发展的趋势。一些新奇、怪诞的氛围设计也都被人们所追捧。现代数字化技术的发展也使得氛围设计的科技含量不断加大。其中，VR技术的出现使得设计突破了可触摸的实体范畴，拓展到无限广阔的虚拟世界。在虚拟的现实中，人们体验到了奇妙的感官体验和精神愉悦。

（五）音乐要素

音乐家冼星海曾经说过这样一段话："音乐，是人生最大的快乐；音乐，是生活中的一股清泉；音乐，是陶冶性情的熔炉。"确实如此，在休闲宴会环境设计中往往需要增加音乐元素，如背景音乐、现场演奏，适当的音乐能更好地营造气氛，进一步表现休闲宴会的主题。一般宴会厅播放的音乐旋律以轻快、舒缓为主；当然也会根据主题的需求采用节奏强、富于动感的音乐。

同时，杜绝噪声也是十分重要的。宴会厅内的噪声有的时候是由空调、与宴者的走动、就餐时器皿的碰撞、现场交流、宴会厅外的人流和服务人员工作时的噪声形成

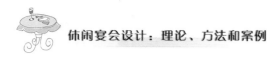

的。这些都会直接影响现场的音乐氛围，所以宴会厅应该加强对噪声的控制。一般宴会厅的噪声不超过50分贝。

（六）其他要素

其他设计要素又分为不可变要素与可变要素。

宴会厅的室内装饰，如灯具、吊顶、墙壁色调（壁纸的花纹）、家具等一旦装饰完成，短期内不可能发生变化，也不可能因休闲宴会的主题的需求而随意改变，所以需要设计人员根据不同的宴会风格对这些"不可改变"的环境要素进行统一的规划和协调，这是休闲宴会环境设计中的难点。例如，不同的宴会厅的吊顶设计装饰有平整式、凹凸式、悬挂式、井格式、结构式、帷幔式等形式。设计人员需要根据宴会的主题和场地情况加以选择。又例如，宴会厅原有地面装饰与休闲宴会整体环境设计不相符时，可以借用物体进行遮蔽；对需要强调或者重塑的地方，可以借助装饰道具加以突出表现。如可在原有走道上铺设红地毯，直达主席台，显示气氛的隆重热烈。

宴会厅内清洁程度、空气质量、温度高低、灯光明暗，以及悬挂的字画、点缀的花草等环境要素可以通过适当的调控和设计，给与宴者营造一个良好的进餐环境。这是休闲宴会环境设计中的重点。

第二节　休闲宴会环境设计内容

一、休闲宴会场地环境设计

（一）主题鲜明

休闲宴会设计过程中，一旦"主题"被确定，则场地环境所有设计都需要围绕主题展开。

宴会场地的特色外观形象和室内外装饰应该充分地体现主题的内涵，使得场地环境在整体形象上有着典型的个性特征。例如，以色列Eilat湾，有一座以海洋环境为设计元素海底餐厅——红星海底餐厅，整个餐厅就像一个潜水艇，潜在6米多深的海洋中。餐厅的顶棚侧面共有62个曲线状窗户，展现360°的海洋里的景象。不仅仅从餐厅本身所处的环境体现了主题，而且在室内陈设海星型灯罩、海草式栅栏、水母状餐桌椅、珊瑚隔断，以及柔和的曲线条装饰，让人好像畅游在海中，体验海洋的独特魅力。

（二）场景化

"场景"是指影片、戏曲等艺术作品中由一些人物活动和背景所构成的场面景象。在休闲宴会场地环境设计中，主要是通过写实的手法，进行场景化的表述，形象地表达其空间形象、地域民俗文化特征和装饰文化等。在场景化设计中主要呈现出多样化、亲切感、真实性等特征。由于如今顾客文化水平和审美水准更高，同时还带有求异求变的心理,因此对设计师提出了更高的要求。

中国有句话:"百里不同风,十里不同俗。"由于地域差异形成的地理环境、历史人文、风俗民情等为宴会场地场景设计提供了各种各样的主题形式。如我国西北的沙漠豪放风格;东北的厚重朴实,暖炕、玉米棒子等农村形象;也有江南小桥流水的细腻。这些由地域环境和风土人情带来的差异,都是地域场景主题开发的灵感源泉。

（三）适宜的空间尺度

一个建筑物的造型和空间设计与环境有着密不可分的关系。这个环境包括所处的地理位置、自然环境、人文环境等。不同的环境需要运用不同的设计手法。例如,北方的建筑厚重、大气,开窗面积较小;而南方建筑通常通透委婉,空间灵动多变,如庭院、连廊的设置等。宴会场景地域特征和民俗民风自然也可以运用类似的建筑形式或者设计手法实现。

亲切的尺度设计、富有人情味的空间环境设计也是需要重点考虑的。人们对建筑的感知总是通过虚实的对比、体量尺度的衡量、细部的处理等形式。同时,人们还对空间感受和活动的范围提出了设计"以人为本"的要求。高大的空间常常给人以空旷或严肃感,缺少亲切感,低沉的建筑空间要么给人亲和力,要么给人压抑感,这就要求把握整体的尺度感。

北京"向阳屯食村"是以东北农村生活为主题设计的宴饮场地,结合东北炖煮、粗粮、野菜等风味,将东北农村的生活习惯、饮食观念和东北人豪迈的性格与来自全国各地的食客分享。建筑形式是两层的农家大院,各具特点,都仿照北方的院落式民居,青砖灰瓦,方格的木花窗,厚实的石墙。开敞式的庭院作为室内外过渡,在功能上既方便采光,同时又起到了展示农具与缓冲人流的作用,加强了空间的流动性与趣味性。

（四）鲜明的文化符号

在民族、地域性的宴会场地环境营造中,特征符号元素的引入是必不可少的。对这些符号的引用有两种主要的方式:一是直接引用,将这些元素符号原封不动地引用,通过巧妙的手法融合到设计中,以求丰富主题休闲宴会空间的环境营造;二是间接引用,对符号元素进行一些处理,即在原有的文化符号的基础上进行抽象的提取和二次加工,使符号形象有质的改变,使旧符号以一种新的面孔切入环境。

长沙窑主题宴饮场地环境设计中直接利用耐火砖、绿釉陶缸、琉璃瓦和匣钵等,暗喻出千年古窑的历史和文化。设计师将废旧多年的烧窑匣稍加设计,用作电梯等候厅的主题空间。在等候厅中央的绿釉陶缸,以其独特的形态和蕴含的气质控制着整个环境,起了画龙点睛的作用。

二、休闲宴会环境的色彩设计

（一）色彩的设计

休闲宴会环境色彩设计的主要任务是宴会场地的色彩设计,主要指宴会场地空间

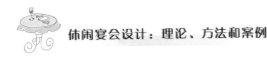

中的界面（宴会厅墙面、天花板、地面）的色调设计、照明的光色和宴会主背景的版面设计。同时，色彩对营造环境气氛也具有很重要的作用。所以，休闲宴会环境设计中的色彩设计的应用是综合多变的。

1. 休闲宴会场地界面色调设计

休闲宴会场地环境的色彩设计，侧重于宴会场地环境色彩基调设计。在宴会场地空间内既可以采用不同的色调来区分区域的功能性，也可以用统一的色调基准来协调整个宴会场地内的色彩。一般而言，休闲宴会场地的界面色彩不易改变，设计师通常运用鲜花绿植、灯光的色彩来影响整个空间的色彩基调。一般休闲宴会场地内的环境色彩大多采用柔和、中性的色调，以突出台面设计和菜品，取得色彩的和谐。色彩不仅仅起到吸引与宴者、刺激食欲、视觉享受的作用，在一定的条件下还兼有标志和象征的意义。如以中国古典风格的主题宴会——"红楼梦中人"为例，可以运用深沉厚重的基调表现中国古典文学的博大精深，在色调上可以采用黑色为主色调，配以金色花纹的布料为桌裙，给人以古朴厚重质感，但又不失辉煌之意，选用白色为主的金色花边餐盘，象征宝玉和黛玉的纯洁爱情和悲剧的结局，菜品可选用《红楼梦》书中描述过的菜名……进一步渲染气氛，强化主体意境。

但是，有的时候在确定色调是需要考虑参加宴会的人们所处的文化背景，不同的文化背景对色彩的认识和解读也会具有多义性的特征。例如，黄色在中国象征着高贵，皇宫的室内大量采用黄金做装饰，皇帝穿黄色的龙袍等，这都是对这一色彩符号意义的认同和强调。黄色在别的地方却没有这样的文化认同，甚至在某些文化领域还象征着邪恶。来自这些地方的人们很难体会到黄色背后所蕴藏的深厚的文化内涵。

2. 照明色彩设计

休闲宴会环境设计中照明的色彩设计也是整个色彩体系中的一部分，其色彩效果对宴会场地的气氛有很大的影响。观众在某个空间环境中，有80%以上的信息是通过视觉获得的。视觉信息中，色彩是最先引起视觉注意的元素。当灯光色彩附着在物体上时，它就会有前后透视关系、光影效果、肌理效果等方面的差异。

休闲宴会照明色彩设计师可以利用冷色调的光模拟月光的自然效果，也可以用暖色调制造出炎热的阳光或炽热的火光的效果。在进行灯光色彩处理时，设计人员必须充分考虑到色彩对菜肴色彩的影响，尽量不要用与菜品色彩呈对比色的色光，以避免影响菜肴本身的色彩特点，造成色彩的歪曲。有些宴会场地配有现代化的照明技术，能和电脑技术相结合，获得光线渐明渐暗的效果，也可用于模拟各种环境的光线效果，为休闲宴会环境设计锦上添花。

照明光源的选择也会对环境的效果产生影响。一般而言，光源的选择以取得现场气氛最佳效果、突出休闲宴会主题、菜肴色彩为原则。照明光源的色温对色彩的呈现有着很直接的影响。光源色温不同，光色亦不同，色温在3 300 K以下，给人以稳重、温暖的感觉，色温在3 000—5 000 K为中间色温，给人以凉爽的感觉，色温在5 000 K以上，给人以冷的感觉。采用低色温光源照射，能使红色更鲜艳；采用中色温光源照射，能使蓝色具有清凉感；采用高色温光源照射，能使物体有冷的感觉。同时，光源的显色性与展品的色彩还原性有直接的关系。光源的显色性是由其显色指数来表示的，是指物体在光下的颜色对基准光（太阳光）照明时的颜色的偏离，能较全面地反映光源的颜色特性。

3．主背景版面的色彩设计

休闲宴会环境设计中宴会主背景版面的色彩设计原则是：色彩种类不宜过多，尤其是作为背景的大块色彩更是如此，可用相同明度、色度而色相不同的色彩体系，或用色相差异较小的同类色、近似色，最大限度地保持展示区域色彩体系的完整性。

（二）色彩搭配的基本方法

休闲宴会环境色彩设计的基本原则就是需要做到色彩既有对比又有整体的协调。在色彩搭配设计中，有时需要注意强对比的色调，有时需要弱对比的色调，有时需要特别和谐、含蓄的色彩搭配。能够掌握色彩协调搭配的规律，就能解决色彩设计时对比与协调的关系。

（1）确定一种颜色作为空间的主色调，即在空间中确定一种主导色彩，其面积、纯度、明度等要素要占绝对优势。由于灯光等因素的影响，有时候甚至只用一种颜色也能构成一个色彩变化丰富的环境。

（2）尽量使用比较容易实现色彩协调、融合的同色系色彩。例如红色、红橙色、紫红色、玫瑰红等都含有红色因素。

（3）改变光源色彩倾向，利用色光统一整个空间的色调。

（4）依靠渐变色达成色彩的统一和协调。

（5）依靠色彩所占面积的变化达成调和，即在空间内缩小不易协调的色彩面积。

不同休闲宴会场地的色彩配色设计也应该有所区分，豪华宴会场地多使用暖色调或明度较高的色彩，同时配合红色的地毯增强富丽堂皇的感觉。中式宴会场地一般适宜使用暖色调，以红色、黄色为主要色调，创造温暖热情、欢乐喜悦的环境视觉感受。西式宴会场地则可采用咖啡色、褐色和大地色系中较深沉的色调，创造古朴、宁静、安逸的环境视觉感受。

不同主题的休闲宴会对色彩的要求均有不同。比如圣诞节的休闲主题宴会，可以采用金色、白色、红色和绿色为主要的色调，突出圣诞文化和欢快浓烈的气氛；中式主题的休闲宴会大多采用红色和金色为主要的色调，既表现了强烈的民族色彩特点，又能渲染吉祥喜庆的气氛，给与宴者以幸福美满的喜悦感。

三、休闲宴会环境的照明设计

在休闲宴会环境照明设计过程中，有以下四项基本原则需要遵循。

（1）舞台背景区域的照度必须比用餐区的照度高。以这种照明方式，造成两个区域光照强弱程度的对比，以突出重点区域的内容和演绎。

（2）光源不裸露，灯具的安装角度要合适，避免出现炫光。所谓炫光，是指不适当的亮度分布、亮度范围和极端对比造成不舒适的刺眼光线。

（3）根据不同的演绎需要，选择不同的光源和光色，避免歪曲菜品的本有色。

（4）照明灯具在使用中过程中必须确保防火、防爆、防触电和通风散热。尤其是在设计采用容易产生高温的光源灯具时，需要十分注意，对其过度发热所造成的高温需要特别注意。

第三节　休闲宴会氛围设计

休闲宴会氛围设计主要有三大构成要素：人、道具和背景。人是氛围设计的核心，设计的各种要素都是以"人"为中心展开的，最终又要为"人"所认知和解读。道具是氛围设计的手段，道具以其形、色、光、声等刺激着人们的视觉、味觉、听觉等，进而激发人的想象和联想，使人获得宝贵的体验。背景则是比较抽象的，多与时代性、民族性、地域性相关联。在这一节中，主要针对道具展开讲解。

一、道具

（一）空间形式与氛围

形式可以理解为点、线、面等基本视觉元素，而这些元素千变万化的组合可以使得形式产生丰富而深刻的意味。这些基本视觉元素本身就可以表达不同的性格特征，塑造不同的氛围感。如方、圆、八角等规则的几何形，给人以端庄、平稳、肃穆、庄重的感受；不规则的形式给人随意、自然、流畅的感受。休闲宴会场地设计中，根据宴会氛围的不同而采用不同的空间形式。矩形的空间充满理性，适合比较正式的休闲商务宴饮场合；多边形、三角形稳定富有活力，使空间增添了动感，适用于非正式、轻松的宴饮场合。

同时，这些视觉元素还能与文化相结合传达一定的隐喻。如中国古典主题风格的餐饮场地，经常在矩形的建筑环境中配合使用圆桌，暗示了中国传统的"天圆地方"的设计理念。

（二）色彩与氛围

不同主题的氛围设计对色彩的选择是不同的，主要是经验引起的心理联想。设计师需要利用色彩对人的心理的作用，以及对色彩产生的联想和情感感受，在设计中营造具有鲜明性格特征的环境氛围。例如，热烈的氛围习惯于以大红色为基调；宁静的氛围则多用素雅的清冷色调；富贵奢华的氛围常用金色、红色、黑色和紫色等色调来表现；表现朴实的氛围则多以大地色、自然色为主。暖色调多用于营造光彩华丽、热烈庄重的效果；冷色调常用于表现安静高雅、明快清爽的环境。另外，适当使用高明度、高彩度的色彩，可以获得光彩夺目、热烈兴奋的效果。

色彩的相互搭配也会影响氛围效果的营造。设计师可以在大自然中获取许多配色的灵感，如奥妙无穷的天空云霞、夜色星空，斑驳陆离的岩矿树木、鸟兽的皮毛羽尾等，都是最让人叹羡神往的色彩搭配的参考。例如，冷色调的绿、蓝、白结合使人联想到森林、蓝天、白云，营造一种宁静致远、悠然自得的氛围。

　　在具体的色彩环境中，各种色彩相互作用存在，在协调中得到表现，在对比中相互衬托。处理好色彩搭配问题的关键在于把握色彩的协调和对比关系。

（三）灯光与氛围

　　灯光是营造氛围的重要因素。照明是最基本的任务，但不是最终的目的，利用光作为一种营造气氛的手段才是目的。如何利用光实现有效的明暗调子搭配是把握氛围的关键。真正华丽的氛围不是仅仅靠"亮"来表达的，而是在暗的背景中寻找一种局部用光的精致感；或者是在用较多光源，但是照度相对偏低的条件下，也能营造迷光幻影的效果。例如，咖啡厅内常常使用柔和、暗淡的光线，形成温暖舒适的氛围，满足休息、谈心的心理需求。有的时候，巧妙地利用自然光，通过窗户射入室内的阳光，将天空变幻莫测的氛围送入室内，使之生意盎然，也能营造一种不一样的艺术空间感受。

（四）声音与氛围

　　声音是一种信息的渠道，是产生快乐和悲伤情绪的动力，也是情感沟通的重要元素。它与人的生活密切相关，能与人的情绪产生互动。有一定节奏和韵律的声音能使人心情舒畅和平静，杂乱无章的声音会使人心情烦躁和郁闷。正因为声音能对人情绪产生影响，使其在氛围设计中能发挥独特的作用。

　　声音的来源可以分为自然声音和人工音响。自然界中有许多声音，如风声、雨声、虫鸣等。在设计中，如能巧妙引入自然界的声音，则可以使得环境氛围平添一种生机和原始的活力，如杭州西湖的"柳浪闻莺"。又如苏州拙政园的"留听阁"，其名字取自李商隐的诗句"留得残荷听雨声"中的几个字。现代宴会场地设计中已经利用水景来引入大自然的气息，在室内布置山水小景，流水潺潺，如同漫步在泉边、溪水河畔，使人的精神得到了彻底的放松。

　　人工音响则是利用各种现代化技术的影响设备来烘托现场的气氛，如背景音乐、歌舞表演。舒缓柔和的背景音乐使人疲惫的神经逐渐放松，营造一种轻松、随意的用餐和谈话的氛围。有时也会利用声音的反射和折射特性来创造一种特殊的氛围，如天坛皇穹宇的回音壁，奇妙的回音效果给环境增添了几分神秘的氛围。

（五）音乐与氛围

1.西洋音乐

　　西洋音乐代表一定的西洋文化，可以使人的心灵在优美的音乐中得到放松，情绪得到陶冶，调剂身心，得到美的享受，因此受到顾客的欢迎。西洋音乐的演奏需要的人数较少，如钢琴演奏只需1人，小型乐队只需3—5人。表演的场地可大可小。宴会场地中引入西洋音乐要求宴会布置具有西方特色，并能体现一种高贵、优雅的情调，才能达到宾客追求的那种气氛。西洋音乐一般包括：起源于歌剧的轻音乐，在19世纪盛行于欧洲各国。轻音乐结构短小、轻松活泼、旋律优美,并通俗易懂,富有生活气息,易于接受,它能创造出一种轻松明快、喜气洋洋的气氛。起源于美国的爵士乐,具有即兴创作的音乐风格,表现出顽强的生命力,给人以振奋向上的感觉,爵士乐常有萨克斯管手配合小型乐队演奏。这种较为强烈的音乐常常在露天花园式宴会或游船宴会中演奏,它能激发赴宴客人的情感,创造出兴奋感人的场面。

2. 民族音乐

我国的民族音乐具有悠久的历史,种类繁多,不但受到国人喜爱,而且深受国外客人的欢迎。目前休闲宴会中被广泛使用的民乐曲目主要有《塞上曲》《梅花三弄》《十面埋伏》《百鸟朝凤》等。我国民族音乐的演奏乐器众多,有琵琶、二胡等,可一个人演奏,也可多人演奏。表演的人数可多可少,多则10人,少则1人。对场地的要求也不高,如场地较小时可进行琵琶独奏,场地大时可进行多人合奏。有民族音乐演奏的宴会厅,其主体环境多以中国民族特色来装饰。

3. 音乐的选择要求

音乐选择要与休闲宴会主题相一致。不同类型的休闲宴会在选择音乐时,应根据其主题风格及环境气氛营造的具体要求来确定。不同的音乐具有不同的感染力,如情人节的宴会厅、婚宴场面等,选些情意绵绵的爱情歌曲最为适宜。

音乐选择要满足与宴者生理舒适的要求。音乐可以直接影响人的情感活动和生理机能运动。“分量”太重的乐曲,如迪斯科、快爵士乐等节奏强烈的乐曲,与人进餐时的生理节奏反差太大,不利于饮食健康,因此,不宜当作宴会乐曲。如海顿交响曲和四重奏、莫扎特的钢琴协奏曲、肖邦的夜曲等,音乐极为抒情,富于委婉交心的亲切感,音乐变化也不大,使人精神舒畅、松弛,是理想的宴会伴奏乐曲。我国历史悠久的古琴曲、江南丝竹合奏曲,音乐平和、优雅,也是上佳的宴会伴奏乐曲。

音乐选择要与宴饮环境相协调。宴会装修风格有古典式、现代式、民族式、中西结合式等。古典式宴会配古典名曲,如《阳关三叠》《春江花月夜》会给人古诗一般的意境美。民族式宴会,如云南傣族风味宴会配上云南民间乐曲,使人感受到神秘的西双版纳气氛。西洋式、中西结合式宴会的音乐设计,要依据特定的意境加以选择。特殊主题风格的宴会,应配以特殊主题风格的音乐。如“红楼宴”播放《红楼梦》主题音乐,“毛氏菜馆”内听到的是《东方红》《浏阳河》等。

注意乐曲顺序的安排。国宴演奏的乐曲分为两大类:一是仪式乐曲。常用的有《中华人民共和国国歌》《团结友谊进行曲》。二是席间演奏乐曲。采用《花好月圆》《祝酒歌》《步步高》《友谊中的欢乐》《在希望的田野上》《歌唱社会主义祖国》等。在为外国政府首脑访华举行的宴会上,仪式乐曲中还应奏客方国歌,席间乐曲则交替演奏宾主两国乐曲。宴会上演奏的乐曲要热情、优美、欢快、抒情,而且音量适中,使宾主既能听到乐曲又不影响交谈。

(六)氛围设计中需要注意的问题

(1)从内容与形式的关系上说,要力求形式符合内容,不能为形式而形式。

各种形式的组织应体现氛围的主题，而不是"生拉硬扯""堆砌式"的装饰，既浪费资金，又画蛇添足，影响整体的氛围。如某些宴会厅内放置了各种传统、西洋风格的装饰物和精美摆件，美则美矣，但是与主题风格极不协调。

（2）从内容的组织上说，要力求主题突出、层次分明，切忌杂乱无章、层次混乱。

（3）从艺术形式的表现上说，力求表现人文历史、科技进步和时代精神，既含蓄又能为人所理解。

三、其他设计要求

（一）满足宾客的心理需求

满足宾客的心理需求是休闲宴会环境设计的最终目的。宴会环境设计人员必须树立宾客导向意识，与宴会主办方充分沟通，了解主办方的要求和意图，根据宴会的性质、规模、主题等有针对性地设计。同时，也可以根据宴会宾客中的特殊人物或主要群体的心理需求为主，有针对性地设计。

总而言之，一场宴会应在尽量满足大多数与宴者的要求的同时，侧重迎合少数重点人物的心理需求。因为，有的时候一场宴会的成功与否，由他们说了算。

（二）与休闲宴会主题相符

休闲宴会的主题种类繁多，休闲宴会环境布置风格也多种多样，如中国传统风格、西洋古典风格、现代风格和民族特色风格等，只有使休闲宴会主题与宴会的装饰风格相互协调一致，才能创造出特定的意境和特色的装饰环境，符合与宴者的需求。

（三）强调特色

休闲宴会的特色不但体现在菜肴、服务方式等方面，休闲宴会的环境布局设计也往往给宾客留下难忘的印象。

（四）文化背景不同

休闲宴会环境设计有的时候也受到民族习惯、知觉经验、情绪状态以及社会时尚潮流的影响，因而不同的民族和地域以及不同的个体对设计的偏好有很大的差距。这就要求设计人员十分知晓参加宴会的主要人群的喜好和文化背景。

第五章 休闲宴会台面设计

开篇案例

乌镇之夜"船菜"晚宴台面设计

2015年11月19日晚,乌镇西栅景区枕水度假酒店龙凤厅内喜庆祥和,首届世界互联网大会"乌镇之夜"迎宾晚宴,迎来五湖四海宾朋满堂,宴会的主题设计和菜肴研发,均由乌镇旅游股份有限公司总裁陈向宏先生亲自担纲,乌镇"船菜"主题晚宴惊艳世界。

当晚,300多位嘉宾共同出席晚宴,此次乌镇之夜"船菜"晚宴最抢人眼球的,当数由陈向宏先生亲自设计的长达9.99米的红木摇橹主桌装饰,映衬出世界互联网大会的互联互通、共享共治的主题,也喻示着乌镇人民对各位嘉宾事业久盛和兴旺发达的美好祝愿,更是对方兴未艾的世界互联网时代之美好憧憬。船菜,亦称漕运河菜,千百年来,京杭大运河流经乌镇,衍生了多彩的舟舶生活与水乡文化,船菜作为水乡特色菜肴的代表,具有集锦京杭菜系,汇聚河鲜口味的特点,曾有诗曰:春辞娇儿在钱塘,秋归幽州日月长,长篙纤板风雨渡,炊烟鱼虾米酒香。

【问题】什么是休闲宴会台面设计?休闲宴会台面设计的原则和内容是什么?

图5.1 乌镇之夜"船菜"晚宴台面

休闲宴会台面设计是针对休闲宴会主题，运用一定的心理学和美学知识，采用多种手段，将各种休闲宴会台面用品进行合理摆设和装饰点缀，使整个台面形成完美的餐桌组合艺术形式的实用艺术创造。

休闲宴会的台面设计既是一门科学，又是一门艺术。它的科学性表现在设计时应从美学、美术装饰学、心理学、商品学、营养学、卫生学、营销学等各方面的因素来考虑，它的艺术性表现在它既有前奏曲和序幕，也有主题和内容，再把情节推向高潮，直至尾声。休闲宴会的台面设计要求有一定的艺术手法和表现形式，其原则就是要因人、因事、因地、因时而异，再根据就餐者的心理要求，造成一个与之相适应的和谐统一的气氛，显示出整体美。

要恰到好处地设计一桌完美的休闲宴会席面，不仅要求色彩艳丽醒目，而且每桌餐具必须配套，餐具经过摆放和各种装饰物品的点缀，使整个休闲宴会的序幕拉开，就不难看出休闲宴会的内容、主题、等级和标准，同时吸引每位宾客对宴席美的艺术兴趣，并能增进食欲，这就是休闲宴会台面设计的目的。可见，生动、形象而富有特色的台面，往往是设计者在掌握休闲宴会台面设计基本知识的基础上经过潜心研究才设计出来的，也才能达到使观赏者赏心悦目的效果。

第一节 休闲宴会台面设计原则与要求

一、休闲宴会台面种类

人们把形式、内容、风格等相近的台面归为一类，由此产生了不同种类的休闲宴会台面。休闲宴会台面的种类很多，通常按餐饮风格划分为中式休闲宴会台面、西式休闲宴会台面和中西混合式休闲宴会台面。

（一）中式休闲宴会台面

中式休闲宴会台面一般使用圆桌台面和中式餐具进行摆台设计。中式休闲宴会台面的小件餐具一般包括筷子、汤匙、骨碟、搁碟、味碟、口汤碗和各种酒杯。

（二）西式休闲宴会台面

常见的西式休闲宴会台面有直长台面、横长台面、"T"形台面、"工"字形台面、腰圆形台面和"M"形台面等。西式休闲宴会台面的小件餐具一般包括各种餐刀、餐叉、餐勺、菜盘、面包盘和各种酒杯。

（三）中西混合式休闲宴会台面

中西混合式休闲宴会台面可用中式休闲宴会的圆台和西式休闲宴会的各种台面。中西混合式休闲宴会台面的小件餐具一般由中餐用的筷子，西餐用的餐刀、餐叉、餐勺和其他小件餐具组成。

Xiu Xian Yan Hui She Ji Li Lun Fang Fa He An Li

二、休闲宴会台面设计的原则

（一）挖掘餐台设计中的文化内涵

我国地域辽阔、历史悠久，为休闲宴会进行餐台设计提供了必要条件。休闲宴会台面设计没有文化内涵就没有生命力，只有在餐台设计中挖掘文化内涵，以别具一格、浓郁的区域性文化为灵魂，才能使顾客对该产品产生共鸣，形成稳固、持久的吸引力。

（二）体现餐台设计中的美感

杨铭铎认为休闲宴会设计要质美、味美、触美、嗅美、色美、形美、器美、境美、序美、趣美。美学对餐台陈设品的要求：首先，设计者要具备一定的美学艺术修养，掌握不同国家、不同民族的思维模式和审美情趣的差异，考虑到民俗风情、异国情调的表现特色，在环境设计、色彩搭配、灯光配置、饰品摆放等方面营造一种自然天成、契合主题的休闲宴会台面。其次，台面装饰品的数量不宜过多。休闲宴会台面陈设品的目的是为了突出主题，所以在设计时要量少质优，起到画龙点睛的作用，不能喧宾夺主。最后，重视台面陈设品与休闲宴会环境布置的呼应关系。

（三）注意色彩和谐

在设计休闲宴会台面时首先应确定一个主色调。主色调的选择通常与主题十分贴切，无论是喜庆还是忧伤，是素雅还是华丽，是奢华还是纯朴，都是通过色彩来完善人们的感觉。然后，在确定主色调后，考虑不同部位的、局部的适当变化。如现代人为表达爱情的纯洁多采用白色为主色调来设计休闲宴会。最后，适当考虑同类色和对比色的运用。休闲宴会的主色调确定后，并不是说所有的颜色都是主色调的一个颜色，这样使休闲宴会非常单调、没有内涵。可以合理使用对比色和同类色。如休闲宴会的主色调是红色，在进行餐台设计时可适当采用对比色——明黄色，突出休闲宴会的喜庆和华丽。

三、休闲宴会台面设计要求

要想成功地设计和摆设一张完美的休闲宴会台面，必须预先做好充分的准备工作，既要进行周密、细致、精心、合理的构想，又要大胆借鉴和创新，无论怎样构想与创新，都必须遵循休闲宴会台面设计的一般规律和要求。

（一）根据休闲宴会菜单和酒水特点进行设计

休闲宴会台面设计要根据休闲宴会菜单中的菜肴特点来确定小件餐具的品种、件数，即吃什么菜配什么餐具，喝什么酒配什么酒杯；不同档次的酒席还要配上不同品种、不同质量、不同件数的餐具。同时，根据台面的品种摆放相应的筷子、汤匙、吃碟、酒杯，如较高级的宴席在摆放基本的筷子、汤匙、吃碟和酒杯外，还要根据需要摆展示盘和各种酒杯。

（二）根据顾客的用餐需要进行设计

餐具和其他物件的摆放位置，既要方便宾客用餐，又要便于席间服务，因此，要求每位客人的餐具摆放紧凑、整齐和规范化。

（三）根据民族风格和饮食习惯进行设计

选用小件餐具，要符合各民族的用餐习惯，例如，中餐和西餐所用的桌面和餐具都不一样，必须区别对待，中餐台面要放置筷子，西餐台面则要摆放餐刀、餐叉。安排餐台和席位要根据各国、各民族的传统习惯确定；设置座位花卉不能违反民族风俗和宗教信仰的禁忌。例如，日本人忌讳荷花，因而邀请日本人用餐的宴会台面就不能摆放荷花及有关的造型。

（四）根据休闲宴会主题进行设计

台面的造型要根据休闲宴会的性质恰当安排，使台面的图案所表达的意思和休闲宴会的主题相称。例如，婚庆宴席就应摆"喜"字席、百鸟朝凤、蝴蝶戏花等台面；如果是接待外宾就应摆设迎宾席、友谊席、和平席等。

（五）根据美观实用的要求进行设计

使用各种小件餐具进行造型设计时，既要设法使图案逼真美观，又要不使餐具过于散乱，宾客经常使用的餐具原则上要摆在宾客的席位上以便于席间取用。

（六）根据清洁卫生的要求进行设计

摆台所用的台布、口布、小件餐具、调味瓶、牙签筒和其他各种装饰物品都要保持清洁卫生，特别是摆设小件餐具如折叠餐巾，更要注意操作卫生，手和操作工具要洗干净，防止污染。折叠餐巾花时不能用嘴咬餐巾。摆设筷勺，不准拿筷子尖和汤勺舀汤的部位。摆碗、盘、杯时，不准拿与口直接接触的部位和接触用具的内壁。

四、休闲宴会台面主题类型

（一）文化主题

通过对历史的一定了解，挖掘和整理具有浓郁地方历史文化特色的主题休闲宴会，结合民间风俗传承，设计出一套风格古朴、品位高雅的休闲宴会。

1. 地方文化主题

反映地方文化的主题，如杭州西湖。关于西湖，历来就有很多很美好的传说。这其中最优美动人的当属"白蛇传"，雷峰塔与断桥一直都是人们心中最为诗意的去处。图5.2就为以西湖文化为主题的休闲宴会台面，图5.3是以西湖和"白蛇传"文化为主题的休闲宴会台面。

2. 历史文化主题

琴棋书画体现了中国古代社会的文明性质，是中华文明的艺术载体，而被誉为"文房四宝"的笔墨纸砚，又有着优良的民族文化传统和独特的艺术风格。图5.4、图5.5

是以文房四宝和中国历史文化为主题的休闲宴会台面。

（二）节庆主题

节庆活动是在固定或不固定的日期内，以特定主题活动方式，约定俗成、世代相传的一种社会活动。一个节日往往是一种综合文化、经济等诸多因素的大型社会活动，因此选择合适的节庆活动，进行策划设计是一种良好的营销手段。

1．圣诞节主题

圣诞大餐已被越来越多的宾馆设计成为每年圣诞节的主要活动，这是一个绝好的对外营销的主要主题活动。图5.6是以圣诞节文化为主题的休闲宴会台面。

2．新年主题

春节是我国一个古老的节日，也是全年最重要的一个节日，各企事业单位争相在年底进行新春茶话会、团拜会、年终总结会等，又创造了极好的营销机会。图5.7是以中国春节文化为主题的休闲宴会台面。

图5.2 以西湖文化为主题的休闲宴会台面
（杭州西湖国宾馆提供）

图5.3 以白蛇传文化为主题的休闲宴会台面
（浙江西子宾馆提供）

图5.4 以文房四宝为主题的休闲宴会台面
（浙江西子宾馆提供）

图5.5 以中国历史文化为主题的休闲宴会台面
（杭州西湖国宾馆提供）

图5.6 以圣诞节文化为主题的休闲宴会台面（杭州西湖国宾馆提供）

图5.7 以中国春节文化为主题的休闲宴会台面（杭州西湖国宾馆提供）

（三）季节主题

一年四季，春夏秋冬，每个季节都很美丽，每个季节里，都有不同的景，根据季节的不同、节气的不同取材于不同的花卉进行台面的设计。

1.春夏主题

"毕竟西湖六月中，风光不与四时同。接天莲叶无穷碧，映日荷花别样红。"图5.8是以春为主题的休闲宴会台面，图5.9是以夏为主题的休闲宴会台面。

2.秋冬主题

秋冬季节需要用暖色调来调和餐桌环境，如果说红色象征着繁茂，黄色象征着成熟，绿色象征着生机与活力，那么这热烈的红色、典雅的黄色、真挚的绿色为秋城编制绚丽的彩带，汇聚了只只多彩的花篮。图5.10、图5.11为秋冬主题的休闲宴会台面。

（四）绿色主题

随着人们生活水平的提高，人们对绿色环保健康的理念也越来越重视，结合餐饮产品设计具有绿色养生为主题的餐饮服务。

图5.8　以春为主题的休闲宴会台面　　图5.9　以夏为主题的休闲宴会台面（杭州西湖国宾馆提供）
　　　　（杭州西湖国宾馆提供）

图5.10　以秋为主题的休闲宴会台面　　　图5.11　以冬为主题的休闲宴会台面
　　　　（杭州西湖国宾馆提供）　　　　　　　（杭州西湖国宾馆提供）

1. 瓜果蔬菜主题

瓜果蔬菜是厨房最常备的原料，不仅可供观赏，还可回收再利用，不愧为绿色餐饮较好的休闲宴会设计方案。图5.12为瓜果蔬菜主题的休闲宴会台面。

2. 五谷丰登主题

利用五谷杂粮作为设计的主要元素，需要花费及投入大量时间和精力。图5.13为五谷杂粮主题的休闲宴会台面。

（五）婚庆主题台面

婚庆具体来说指的是婚礼庆典策划。婚礼策划是为新人量身打造一场婚礼，而寿宴、百日宴、纪念日已成为一种流行趋势，是未来的市场。

个性化的婚礼现场布置、策划成为每对新人的追求，而婚宴市场成为各家酒店宾馆争相的"香饽饽"。图5.14为婚宴主题休闲宴会台面。

（六）生日宴会主题

1. 寿宴主题

寿宴一般为家里的老人举办，现在许多人也把婚宴的元素融入寿宴之中，而且也

图 5.12　以瓜果蔬菜为主题的休闲宴会台面（杭州西湖国宾馆提供）

图 5.13　以五谷杂粮为主题的休闲宴会台面（杭州西湖国宾馆提供）

图 5.14　以婚宴为主题的休闲宴会台面（杭州西湖国宾馆提供）

能打造出一场与众不同的祝寿宴。图 5.15 为寿宴主题休闲宴会台面。

　　2. 百日宴、周岁宴主题

　　现在随着生活水平的提高，为表示庆祝，百日宴、周岁宴也越来越奢华。图 5.16 为百日宴主题休闲宴会台面。

图5.15 以寿宴为主题的休闲宴会台面（杭州西湖国宾馆提供）

图5.16 以百日宴为主题的休闲宴会台面
（杭州西湖国宾馆提供）

图5.17 以金婚纪念日为主题的休闲宴会台面
（杭州西湖国宾馆提供）

（七）纪念日主题

每个人都很重视结婚，认为结婚是人生极为重要的一幕，结婚纪念日也就非常受重视，而且也日趋成为流行。图5.17为金婚纪念日主题休闲宴会台面。

五、休闲宴会台面设计内容

（一）休闲宴会台布选择与台裙装饰

每个休闲宴会都有它的特定主题，当然也要有和主题相配合的装饰。因此台布、台裙的颜色、款式的选择要根据休闲宴会主题来确定，以体现服务的内涵。台裙可以选用制作好的常规台裙，可以选用丝质桌盖，上铺台布，也可以选用高档丝绸来现场制作造型各异的台裙。

（二）休闲宴会的餐具选择与摆放

现代餐饮市场上餐酒具主要有中式、西式、民族式、日式、韩式等。风格不同，质地、形状、档次也有相当大的差异，宴会设计者可以把不同风格的餐具引为自用或特制出精美的主题餐具，搭配出形态万千的摆台造型。不仅满足顾客进餐的需要，同时也有渲染休闲宴会气氛、暗示促销、美化餐台的重要作用（图5.18）。

（三）休闲宴会的餐巾折花造型

丰富多彩的各类各色餐巾通过一些折法的变化和手艺的创新，可以折制出千姿百态的造型，并能衬托出田园式、节日式、新潮式等不同休闲宴会主题和气氛。利用餐巾花的造型，使之与台布图案相契合、主题相统一，并以此命名台面。

图5.18　餐具选择与摆放
（杭州西湖国宾馆提供）

（四）休闲宴会的菜单设计、装帧与陈列

宴会菜单是休闲宴会主题呈现的重要标志，可以反映不同宴会的情调和特色，因此必须根据休闲宴会的主题精心设计菜单的装帧与陈列。

（五）休闲宴会的花台造型

花台造型设计是休闲宴会台面布置的一项艺术性很强的工作，要求服务员根据不同类型的休闲宴会主题，设计出不同花型，既能美化环境、丰富餐台造型，又能增加宴会的和谐、美好的气氛，体现出宴会的格调。

（六）休闲宴会的餐垫、筷套、台号、席位卡布置与装饰

在休闲宴会台面布局中虽然餐垫、筷套、台号、席位卡是一个小的因素，但其作用不容忽视，设计者必须根据宴会的主题风格、花台的主色调、餐具的档次，宴会的规格、宾客的要求精心策划与制作。

在一些休闲商务宴、寿宴、公司尾牙宴中，席位卡是不可缺少的。同时可以采用比较个性的材质和形状来进行设计。

（七）休闲宴会餐椅的布置

餐椅的主要功能是供宾客就座之用。休闲宴会餐台设计与布置中常用的餐椅多选用优良原木制成，它一般相对固定，而宴会设计师采用椅外增加纺织品坐垫、椅套等作为装饰，以改变其色调与风格，使其与餐台的其他用品协调，与整个休闲宴会主题相符合。如在以红色和粉色为主色调的婚宴摆台中，可将粉色丝绸制成的蝴蝶结温馨飘逸地挂在椅后，一束粉色玫瑰插于蝴蝶结中的特有方式向新人表达美好的祝福（图5.19）。

图5.19　餐椅布置（杭州西湖国宾馆提供）

第二节　休闲宴会花台设计

花台是餐台当中一个很特殊的类型，是用鲜花堆砌而成的具有一定艺术造型的供人观赏的台面。花台在高档休闲宴会中有着必不可少、举足轻重的作用。首先，花台体现了休闲宴会的档次，只有高档的休闲宴会才设花台，普通休闲宴会往往不设花台。其次，花台体现了休闲宴会的主题，主办者举行一次休闲宴会往往有其特定的目的，这就是休闲宴会的主题，利用花台来体现休闲宴会主题，如在欢迎或答谢宴会上用友谊花篮的图案来体现和平、友好、友谊，在婚宴上可用艳丽的红玫瑰拼成大红喜字或戏水图案来体现爱情、喜庆。另外，花台还可烘托休闲宴会的气氛，如前面介绍的喜庆婚宴花台，火红的玫瑰亮丽夺目，无疑使休闲宴会的气氛达到高潮。

一、休闲宴会花台设计的原则

（一）突出主题

休闲宴会花台主题的确定是依据宴会的主题，比如大型中式国宴花台可制作为端庄大方、艳丽多彩、体量较大、花材种类多样化的圆形为主的花台，以突出庄严隆重、和平友好的主题。为青少年举办的生日宴会，应突出其纯真诚挚、前途美好的主题，花台宜活泼，常用盘状容器，以粉色蜡烛点题，烛光闪闪跳跃于粉色、白色的月季、香石竹组合的弧形面上，其间散布粉色或白色的霞草，边缘以唐菖蒲、蕨叶衬托，展示朝气蓬勃的气氛。

（二）要注意各民族的不同风俗

花台设计人员在选择花材时一定要尊重不同国家、不同民族的风俗，选用最合适、最能表达主人心愿，并且具有一定象征意义的花材。因为花材自身的性质和语言（即花语）会给人以不同的联想，所以应根据休闲宴会的目的和性质来选择，尽量避免使用宾客忌讳的花材。比如，在我国婚礼上，宜选用百合、月季花、郁金香、荷花，用以象征"百年好合""相亲相爱""永浴爱河"的寓意；给老人祝寿可选用万年青、龟背竹、鹤望兰、寿星桃等，以祝福老人健康长寿；用康乃馨、非洲菊配以文竹扎成以红色为主的花篮摆在母亲节休闲宴会餐台上，以表示温馨的祝福；在宴请日本皇室成员时，点缀几朵黄菊花，客人一定会非常高兴，因为黄菊花是日本皇室的贡花。

（三）花台不应遮挡宾客视线

花台插花不宜过高，一般高度在35厘米以下，如果是镂空插花，在不阻挡用餐者的视线、妨碍宾客之间的谈话和交流的情况下则可适当高些。餐台插花也不宜过大，一般直径200厘米的餐台，餐台插花的直径在70厘米左右，否则会影响餐具的摆放。另外，餐台插花经常处于餐桌的中心位置，所以其造型要达到五方均能享受其美感，即从前、后、左、右和上面观看，均能达到预期的效果，这样才能真正起到美化环境、渲染气氛、体现主题的作用。

（四）统筹配套饰品

花台应根据休闲宴会的主题布置各类装饰品，以期达到突出主题、美化餐台等作用。餐台上的配套饰品摆放总的原则是：清洁卫生、美观大方、庄重高雅、富有创意、突出主题。

二、花台造型的方法

（一）餐具造型法

即用杯、盘、碗、碟、筷、勺等物件摆成各种象形或会意图案，并以此给台面命名。此法在摆台中运用较广。

（二）台布造型法

即用印有各种具有象征意义图案的台布铺台，并以台布图案的寓意为主题，组织拼摆各种餐具和其他物品，使整个台面协调一致，组成一个主题画面并以此台面命名（图5.20）。

图5.20　台布造型法（黄河迎宾馆提供）

（三）鲜花烛台装饰法

休闲宴会餐桌中央不摆菜品，多用各种花盘、花瓶或烛台摆在中间，用以装饰美化台面。如果是长台，可摆几个花瓶作为装饰。中餐的高级宴会也常在大圆桌中央摆花盆（图5.21、图5.22）。

（四）水果造型法

根据季节变化，将各种色彩和各种形状的水果衬以绿色的叶子，在果盘上堆摆成金字塔形状上台，既可观赏，又可食用，简便易行，此法在传统的休闲宴会摆台中运用较多（图5.23）。

图5.21　鲜花造型法（黄河迎宾馆提供）

（五）花朵食雕作品镶图法

用不同颜色的鲜花或纸花、绢花，或者食品雕刻作品，在餐桌上镶成各种图案和字样，用以烘托休闲宴会气氛（图5.24）。

图5.22　鲜花造型法　　　　图5.23　水果造型法　　　　图5.24　蔬果雕刻法
　　　　　　　　　　　　　　　　（西湖国宾馆提供）　　　　　　（西湖国宾馆提供）

（六）糖艺造型法

糖艺是一门艺术，用砂糖、葡萄糖或饴糖经过配比、熬制、拉糖、吹糖等造型手法加工处理，制作出具有观赏性和艺术性的工艺效果（图5.25）。

图5.25　糖艺造型法（西湖国宾馆提供）

（七）剪纸造型法

可根据休闲宴会的性质，预先设计出各种有意义的图案，用单色或彩色纸一次剪成若干张图案，装饰台面的中间。

另外，还可以用色纸或各种彩色纸的条、块、点摆成各种图案，例如迎宾松、圣诞树、庆祝元旦的灯笼等图案给客人欣赏。总之，用何种台面布置，要因人（国内客人、国外宾客、不同民族宾客）而异、因物（台面的物品器具）而异、因事（酒席、宴饮的性质）而异，不可拘泥一格。

三、休闲宴会花台作品设计的步骤、技巧与方法

一个成功的休闲宴会花台设计，就像一件艺术品，它通过巧妙的排列构成以花卉的自然美和人工的修饰美相结合的艺术造型，令人赏心悦目，给参加宴会的宾客创造出了隆重、热烈、和谐、欢快的氛围，因此花台制作已成为休闲宴会中一种不可缺少的环境布置。下面我们就简单介绍休闲宴会花台作品的创作步骤、技巧与方法。

（一）构思立意

构思立意是休闲宴会花台制作的第一步。制作一个好的休闲宴会花台作品需要事先构思立意，确定出明确的主题，根据主题选择特定的插花造型、适宜的花器及花材，表达作者的思想，创作出不同类型、不同风格、不同意境的宴会花台作品。可以说，有了好的构思立意，休闲宴会花台制作就成功了一半。休闲宴会花台作品的构思立意应注意以下三点。

1. 构思立意要明确插花作品的目的、用途以及创作主题思想

插花作品的构思要根据其用途来确定。例如：为开业庆典而设计的休闲宴会花台的作品，应该根据庆典宴会的内容、性质及参加庆典人员多少、文化层次等来确定作品的主题和格调，如参加者以年轻人为主，应以节奏感强、色彩明快的格调为主，表现奔放、热烈的主题，营造活泼、欢快的喜庆气氛。

2. 构思立意要明确花台作品的陈设环境

休闲宴会花台作品的构思要考虑宴会厅的环境、餐台设计风格、餐桌的大小等来进行创作。比如，花台作品必须适合餐台的大小，如果作品过大，就无法在餐台上摆放；如果太小，又起不到渲染宴会气氛的效果。

3. 构思立意要新颖创新

构思休闲宴会花台作品时，选题与制作应该注意创新，不能袭用传统的或别人的立意。所谓设计，就应该有新意，打破旧框框，不被以往的模式所左右，让参加宴会的宾客见到的是以往没有见过的花台造型，才能够感到新奇，富有吸引力，从而达到一定的效果。

（二）选择花材

由构思进入选材阶段是休闲宴会花台创作的第二步。选材主要根据构思设想，选择适当的花材和插花器皿，准备好插花工具。花材选不好将直接导致插花作品的失败，因此选用的花材必须具备以下条件：生长茂盛，无病虫害；花期较长，水养持久，花色鲜艳、齐整或素雅洁净，花梗长而粗壮挺直；无刺激性气味，不易污染衣物。

正确地选择合适的花材必须注意以下四点。

1. 要了解花材的季节特色和花的寓意，合理选材，突出主题

四季花材各具特色，因而所表达的意境也不尽相同。如春花可表现生机盎然的情趣，秋花可显示寂寥凋零的气氛等。比如，春季可选用迎春花、银芽柳、牡丹等；夏季

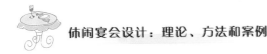

可选用睡莲、荷花以及菖蒲等；秋季可选用秋叶、红果、海棠花、菊花等；冬季则可选用梅枝等。如在寒冬腊月举办的休闲宴会的花台可选择梅花为主花，因为梅花在雪花纷飞的季节吐苞开放，不畏寒冷，独步早春，是具有刚劲意志和崇高品格的象征。总之，把握了各季花材的特色和花的寓意，有助于正确地选择花材，借花寓意，准确地表现作品的主题，避免产生用花的误解（表5.1）。

表5.1　花材的分类

花材分类	特　　点	常 见 品 种
鲜切花材	观花类	百合、月季、康乃馨、玫瑰、紫罗兰等
	观叶	天门冬、肾蕨
	观枝	一品红、樱花
	观果	红果、金银茄
干花花材	可随意染色、经久耐用、管理方便、不受季节和采光限制	各种绢花类、仿真花等（需注意在潮湿的环境中不宜用干花）
器物花材	通过对其他花材的点缀和装饰并与其巧妙组合，也会别有一番新意	剪纸、贝壳、小米、工艺品、雕刻品

2. 注意花器与花材的配用

花器的配用也很重要，花器与花材配用得好，可使作品增色不少；配合不好，则给人以呆板的感觉，甚至会导致作品失败。

（1）水盘、高脚盘。水盘、高脚盘适合插的花卉有：樱、连翘、郁金香、黄水仙、孤挺花、鸢尾、百合、水杨、女贞、燕子花、叶兰、草珊瑚、龙胆等。

（2）筒、瓶。筒、瓶适合插的花卉有：野木瓜、翠菊、毛油点草、贴梗海棠、茶花、桃、连翘、粟、石榴、松、梅、南蛇藤、土茯苓等。

（3）钵。适合放入钵的花卉有：落霜红、八仙花、睡莲、萍蓬草、贴梗海棠、茶花、桂、一品红、康乃馨、蔷薇、白玉山茶等。

盛器的颜色、造型取决于花材和环境（场所）。就花材而言，如白菊花插于白色瓷盆而背景又是白墙壁一定感到单调，最好选用深色的盛器。餐桌中间为不遮挡视线可用盆钵而不用瓶。就环境而言，厅室的大小，布置风格的中西不同，这些都会影响对盛器的选择。

3. 美观和谐

在花材的选择中，色彩搭配是否和谐是制作花台成败的关键。在餐台插花时要注意色彩不宜过杂，除了绿色的配叶和衬草外，花材颜色宜控制在三色以内，以给宾客带来高雅的感觉。

4. 安全舒适，注意花材质量

选择花材时，在考虑客人的喜好和色彩配置的前提下，花材的质量也是不容忽视的因素之一。另外,还应尽量避免选用香味过浓的、带刺的、花粉易撒落的以及过分华丽和僵硬的枝条。

(三)根据所选材料造型

造型即把休闲宴会花台作品构思变成具体的形象,也就是在完成选材后,根据作品主题完成造型优美生动、别致新颖、花材组合得体、符合构图原理,视觉效果好的花台作品的过程。

1. 确定餐台插花的形状

休闲宴会花台作品造型必须根据构思立意来选择。如果以装点礼仪、美化餐台、烘托气氛为主,宜选用西方插花造型来表现插花作品。常用的基本造型有半球形、椭圆形、高杆形、L形插花、S形插花等。可以选用单一造型来制作插花作品,也可以将两种造型组合在一起制作复合造型的插花作品。如果以借花寓意、抒发情怀、表达思想为主,宜选用东方式插花造型来表现插花作品。常用的东方式插花有直立型、倾斜型、平卧型、下垂型。

如果表现自然美、生活美为主,宜选用写景式造型来表现作品。此外,还可以选用中西合璧的造型来表现作品,融汇了东方式插花与西方式插花的特点,既有优美的线条也有明快艳丽的色彩,更渗入了现代人的意识,追求变异、不受拘束、自由发挥,但求造型优美,既有装饰性也有一些抽象的意义。

花台制作者在构思插花形状时,还要考虑休闲宴会餐桌型号来确定。如果是圆形餐桌插花造型,宜选用圆形、半球形、金字塔形等;如果餐桌是长方台,餐桌插花造型则不宜摆成圆形,而应该摆成长方形或椭圆形。

餐台插花的方法分为剪切、曲枝和定植。

(1)剪切。花材的修剪应顺着花材本身优美的天然姿态进行,并与所采用的花器颜色式样互相配合协调。一件成功的艺术插花,全在于插花者利用技巧安排花材,将美感在艺术的境界中表达出来。

(2)曲枝。曲枝是插花者根据需要,对天然枝杆按设计思想加以人为的弯曲,其方法可以用两大拇指互相对着贴近需要屈曲的地方,慢慢弯曲;也可以借助金属丝弯曲,对于长叶植物的叶子的弯曲,有时可用圆形管子或钢笔等代用品来卷成所需姿态;也有的是前端中间划开,末端插入划开的缝隙中。

(3)定植。定植是将花朵枝茎定插,同时使它的位置及方向稳固,不致随时变动,盛花依靠"剑山"或黏土,瓶花用小枝或留下本身的枝杆固定于瓶内。

2. 突出餐台插花的整体美

花台的造型要有整体性、美观性和协调性,这是花台制作的基本要求。虽然制作花台的花材多种多样,但需坚持主花在花台中所占据的主导地位,除此之外,也少不了居辅助地位的配花、枝叶及其他物品,这样整个餐台插花有主有辅、互相协调形成一个有机的整体。花台中的任何花卉都是餐台整体的一部分,各部分之间都相互辉映,少了任何部分,都会有损于花台的整体美。

3. 按制作步骤餐台插花

制作花台插花时应先插上主花，也就是先用主花把花台的骨架搭起来，确定插花形状是属于球形、扇面形、L型、三角形，还是属于水平型、对角线型、S型、新月型等；然后再插配花，使花台初显生动丰满的造型；最后再用枝叶对餐台进行必要的点缀和补充，使整个花台充满活力、富有韵味。制作完毕后，还要再检查一遍餐台，看看是否有不妥之处，如有，及时进行弥补，然后把餐桌收拾洁净，准备摆放餐用具。

四、餐巾折花的选择与运用

餐巾折花主要应用于休闲宴会台面的摆设，除此之外还可用于室内的装饰摆放等。但无论出于哪种目的，都要根据实际情况，因地制宜，灵活选用花型。

（一）餐巾造型分类

1. 按摆放的餐具不同进行分类

按摆放的餐具不同，可分为杯花和盘花两种。杯花是将折好的花型放入酒杯或水杯内，若从杯中取出，花型即散，散开后餐巾皱褶较多。常用于中式休闲宴会。

盘花是将折好的花型置于餐碟内或直接放置在台面上，花成型后不会自动散开。由于盘花造型简洁、美观、大方，现在中式、西式、中西混合式宴会都趋向于使用。环花是盘花的一种折叠形式，是将餐巾平整卷好或折叠成造型套在餐巾环内。餐巾环也称为餐巾扣，有瓷制、银制、象牙、塑料的等。此外，餐巾环也可用色彩鲜明、对比感极强的丝带或丝穗带代替，也可以配以鲜花，显得传统、简洁和雅致。常用于高档中、西式休闲宴会。

2. 按外观造型分类

（1）植物型造型。根据植物的花、叶、茎、果实等形状，将餐巾折叠成"神似"此形状的花型。如扇面牡丹、凌波仙子、杏花迎春、玉洁冰清、莲芯结蒂等花类造型。

（2）动物型造型。动物型造型餐巾花有的塑其整体，也有的取其特征，或选其寓意，形态上生动、活泼、可爱，文化上传神达意，取其吉祥、祝愿和欢迎的心理。动物类造型餐巾中，尤以飞禽类造型为最多，如"孔雀开屏""大鹏展翅""春燕闹春""喜鹊报春""鸳鸯戏水""和平白鸽""比翼双飞"等。

（3）实物类造型。此类花型是模仿日常生活中各种实物形态折叠而成的，如皇冠花开、精致僧帽、水仙盆景、同舟共济、迎风帆船、扇面送爽、祝奉蜡烛等。这些实物类造型折花大多以盘花形式出现，环花盘花配上餐巾环或对比感较强的丝带或丝穗带，以造型更为美观大方、雅致高档、技法简单、折叠迅速、餐巾褶皱少、操作清洁卫生等特点，深受人们喜爱，目前中高档宴会餐巾逐渐趋向于选择盘花。

（二）休闲宴会餐巾折花设计

1. 根据休闲宴会的性质来选择花型

根据不同性质选择合适的花型，可起到锦上添花的作用。如：饯行宴可选择一帆风顺花型表达祝福客人一路顺风之意；寿宴可选择寿桃、鹤鸣祝寿、长青叶、石榴花等花型，寓祝客人寿比南山、子孙满堂；婚宴则可选择心心相印、报喜鸟、鸳鸯戏水、喃喃细语等花型，以示祝贺。

2. 根据休闲宴会规模来选择花型

在举行大型休闲宴会时一般选择较为简单、挺括的花型。但是需注意突出主人位的花型，这样整个休闲宴会场面会显得整齐美观。如果是小型休闲宴会，选择的花型可适当的丰富多彩。

3. 根据花色冷盘和菜肴特色选择花型

中式休闲宴会基本上是冷盘先上桌，宾客再入席，因此选择餐巾折花时可适当考虑花色冷盘。如：冷盘中的拼盘是凤凰造型，餐巾折花可选择各种飞禽花型，这样就形成了一个百鸟朝凤的图面。另外，还可根据休闲宴会的头菜名称选择花型。如海鲜为主的休闲宴会，餐巾折花可选择各种鱼虾类的花型，使之互相映衬，更显台面和谐美。

4. 根据时令季节选择花型

餐巾折花的选择可根据季节的变化来进行。如春天可选择泛红桃花、迎春花、春芽四叶、牡丹鲜花等花型；夏季可选择令箭荷花、庭院风荷、玉兰花香、月季花等花型；秋天可选择枫叶、海棠花、矢车菊花、丰收玉米等花型；冬天则可选择冬笋、梅花、仙人掌、啄木鸟等花型，这样整个台面能反映出每个季节的不同特色，使之富有时令感。

5. 根据宾主席位的安排来选择花型

一般情况下，一桌宴会上主人位的花型要求是整桌花中最高、最突出的花型；副主人位的花型在高度上要高于其他宾客但略低于主人花型；主宾位的花型则应是整桌餐巾折花中最美观、最醒目的花型；副主宾次之；其他宾客的花型可根据具体情况灵活安排。另外，如果席中有女宾，则应折叠孔雀开屏、牡丹鲜花等花型以象征其美丽纯洁；若有小顾客则应折叠小鸟、花篮、金鱼等小动物，象征其活泼可爱。

6. 根据接待对象来选择花型

宴饮对象可能是来自四面八方、五湖四海的宾客，他们在宗教信仰、风俗习惯及性别、年龄、阅历等方面都存在较大的差异。这需要我们根据实际情况区别对待，尽可选择宾客喜欢的花型，避免触犯客人的禁忌。比如，仙鹤在我国是长寿的象征，但到了法国却成了懒汉和淫妇的象征。所以法国人很忌讳仙鹤，也不喜欢黄色，但却很喜欢百合花；英国人喜欢蔷薇和玫瑰等，但却忌讳大象和孔雀，他们认为大象是蠢笨的象征，孔雀是祸鸟，孔雀开屏也是自我炫耀和吹嘘。

五、辅助装饰品的选择与运用

（一）中心装饰品

在进行休闲宴会餐台设计时，为了突出主题需要，经常会在插花的基础上加配一些装饰物来进行衬托或点缀，起到意想不到的效果。如表达"金玉满堂"的主题，可以

选择在装有金鱼的金鱼缸上进行插花，利用"金鱼"与"金玉"谐音，体现餐厅设计的文化性和艺术性。

（二）主题说明牌

由于每个人对文化、色彩、装饰物等的理解和看法不同，休闲宴会设计人员经常会借助于主题说明牌对餐台设计理念、如何利用所摆物品突出餐台设计的和谐统一等进行阐述。设计主题说明牌时首先要注意突出休闲宴会主题，在颜色、底色花纹等方面和餐台设计相统一；其次注意语言精练、词句优美，不使用冷僻的文字和消极的语言。

（三）筷子套、牙签套

由于筷子和牙签均是直接接触客人嘴巴的用具，所以在餐台设计时经常会利用筷子套和牙签套对其进行保护。同时也可以通过对牙签套和筷子套颜色、花纹的设计来体现休闲宴会的主题。一般筷子套、牙签套的颜色和休闲宴会菜单、主题说明牌等的颜色一致，花纹相同，起到相互辉映、共同突出休闲宴会主题的作用。

第三节　休闲宴会摆台设计

休闲宴会摆台，就是在休闲宴会桌上铺好台布，然后依次摆好各种餐具、口布、调味品等。

一、中式休闲宴会摆台

（一）中式休闲宴会摆台用具

1. 餐具、用具

餐具、用具是餐台设计中的重要道具，它不仅有满足客人进餐需要的作用，而且也有渲染餐饮氛围、暗示休闲宴会厅所销售的餐饮产品和美化餐台的重要作用。餐具摆设是否恰当，是衡量宴饮经营和餐台设计的重要标志之一。中式休闲宴会常用的餐具如下。

（1）餐具：瓷质的餐盘、骨碟、味碟、汤碗、茶碗、汤匙、筷架、玻璃器的白酒杯、葡萄酒杯、黄酒杯、啤酒杯、竹制的或木制的筷子，以及象牙、仿象牙等其他特殊材料的筷子。

（2）用具：调味品、烟灰缸、牙签筒、花瓶、菜单、台号。

除常用餐具外，在休闲宴会台面设计中也可根据休闲宴会的档次选择镀金、镀银和银制的餐具等，以体现不同的休闲宴会规格。

2. 布草

台面设计中的布草包括以下四类。

（1）台布。台布即桌布，有很多种样式和多种颜色。有提花台布、织锦台布，有红色、白色、黄色等。选择台布的要点是：首先，台布的大小要适合餐桌的规格，一般情况下，台布要比餐桌直径长40厘米左右；其次，台布的颜色要同休闲宴会厅的装饰布置相协调并适合休闲宴会的主题。

（2）台裙。为提高休闲宴会规格，使休闲宴会厅更加美观大方，也为了增加高雅、舒适的宾客感受，休闲宴会台面设计中经常会使用台裙。选择台裙时，首先用料应以质地华丽、颜色高雅庄重的丝绒布或色泽明快的纬纱、丝织品等为主。其次颜色也要根据休闲宴会厅的色调和环境来选择，注意台裙的颜色应与台布是同一色系或有所区别，一般比台布的颜色深。铺设台裙时，注意台裙的长短要适宜，应以距地面5厘米左右为宜。同时台裙舒展自然、接缝避开正、副主宾位。

（3）餐巾。餐巾的规格不等、质地不同、色彩不一，通常为50厘米见方。它在餐台设计中是重要的装饰品，对于美化台面、活跃气氛起着相当重要的作用。

（4）椅套。为突出中式休闲宴席中的餐椅的舒适性，通常在木质餐椅或金属餐椅外用软包进行装饰，这样增加了清洁洗涤的困难。椅套的颜色一般选用与台布的近似色，也可根据休闲宴会的主题内容来进行选择。椅套的式样有多种，在椅套的背面也可用蝴蝶结、流苏来进行装饰。

3．辅助用品

在进行休闲宴会餐台设计时，除了必用物品如餐具、酒具、餐巾等外，还需要使用一些辅助用品和服务用品来帮助完善餐台，使其更加美观，也能方便顾客使用。

（1）服务用品。比如：

香巾托：盛放香巾的器具。

蟹钳：食用带壳海鲜时的专用工具，蟹钳可将海鲜的壳夹碎。

蟹针：食用带壳海鲜时的专用工具，可将其中的海鲜肉挑出。

（2）辅助用品。比如：

桌号牌：帮助宾客快速寻找餐台。

席位签：表明宾主身份。

二、台面摆设

台面摆设主要是指台布、小件餐具、口布、花卉等在桌面摆放位置，它的摆放方法很多，但总的要求是拿取方便、美观艺术，并能体现接待规格。

（一）准备好桌面所需餐具用品

使用的餐具有平盘、骨碟、汤匙、味碟、筷子、茶杯、餐巾、烟灰缸、调味瓶、牙签、菜单、席签、台签等。对餐具要求无水迹、无油腻、无指纹、无破损、光亮配套、数量充足。

（二）中餐休闲宴会摆台顺序及要求

先铺平台布，台布折缝要上下直铺，台布铺好后摆小件餐具。摆小件餐具一般先

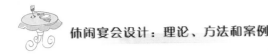

摆托碟或骨碟定位，再摆汤碗、味碟、筷子、汤匙，后摆各色酒杯。小件餐具摆好后，再折叠、摆插口布或餐纸，最后摆酒、花瓶、味料壶、牙签盅和烟灰缸等物。

1. 台布的铺设

要根据桌子的大小选择台布。目前常用的有：180厘米×180厘米小方花台布，可供4—6人桌使用；220厘米×220厘米的8—10人桌方花台布；240厘米×240厘米的12人桌花台布；260厘米×260厘米的14人桌、16人桌台布；180厘米×360厘米长花台布。

中式休闲宴会台布铺放分三大类：一类是层式铺台，即在台板上直接铺放台布。第二类是双层式铺台，即首先在台板上铺放台垫（又叫衬布），然后再铺放一块大小适宜的台布，这样铺放台布会显得平整，而且隔音（即放重物时也不会发出声响）、吸湿效果也好。第三类是三层式铺台，即在台板上铺台垫、台布后，再罩铺一层工艺抽纱花台布，它适用于豪华休闲宴会。罩铺的台布，一般选用麻抽纱或棉绣花制品，用圆形的较多，要小于台垫上的台布，可用本色的或彩色的。在台布按要求铺设后，高级休闲宴会要上桌裙，并且在餐桌的中央放置直径25.4—30.8厘米的旋转盘，作为转移菜肴，便于客人夹菜之需。一般要求转台的圆心与圆桌中心和台中心三点重合。可采用抖铺式、推拉式或撒网式铺设①，一次完成；台布定位准确，十字居中，凸缝朝向主副主人位，下垂均等，台面平整。

2. 摆放餐具

（1）摆餐盘。摆放的方法：从主人席位开始，顺时针依次用右手摆放。盘与盘之间的距离要相等，距离桌边1.5厘米。盘子上边花纹图案要置席位的正前方。

（2）味碟、汤碗、汤勺。味碟位于餐盘正上方，相距1厘米；汤碗摆放在味碟左侧1厘米处，与味碟在一条直线上，汤勺放置于汤碗中，勺把朝左，与餐碟平行。

（3）筷架、筷子、长柄勺、牙签。筷架摆在餐盘右边，与味碟在一条直线上；筷子、长柄勺搁摆在筷架上，长柄勺距餐碟3厘米，筷子的前端距离筷子架约5厘米，筷尾距餐桌沿1.5厘米；筷套正面朝上；牙签位于长柄勺和筷子之间，牙签套正面朝上，底部与长柄勺齐平。

（4）摆酒具。中式休闲宴会一般使用三套杯，即：水杯、葡萄酒杯、白酒杯。水杯，是喝啤酒、橘子水、矿泉水等软饮料用的；葡萄酒杯，是喝葡萄酒用的；白酒杯，是喝茅台等白酒用的。

葡萄酒杯在味碟正上方2厘米；白酒杯摆在葡萄酒杯的右侧；水杯位于葡萄酒杯

---

① 抖铺式铺台：即用双手将台布打开，平行打折后将台布提拿在双手中，身体呈正位站立式，利用双腕的力量，将台布向前一次性抖开并平铺于餐台上。推拉式铺台：即用双手将台布打开后放至餐台上，将台布贴着餐台平行推出去再拉回来。撒网式铺台：即用双手将台布打开，平行打折，呈右脚在前、左脚在后的站立姿势，双手将打开的台布提拿起来至胸前，双臂与肩平行，上身向左转体，下肢不动并在右臂与身体回转时，台布斜着向前撒出去，将台布抛至前方时，上身转体回位并恢复至正位站立，这时台布应平铺于餐台上。抛撒时，动作应自然潇洒。

左侧，杯肚间隔1厘米，三杯成斜直线，向右与水平线呈30度角。如果折的是杯花，水杯待餐巾花折好后一起摆上桌；摆杯手法正确（手拿杯柄或中下部）、卫生。

（5）餐巾折花。花型突出主位、整体协调；折叠手法正确、卫生、一次性成形，花型逼真、美观大方。将叠好的口布花放在水杯内。

（6）公用餐具。公用餐具是在休闲宴会进行当中，宾主相互布菜时（主要是主人）使用的餐具，所以叫公用餐具。其中包括公用盘、公用勺和公用筷子。10人一桌通常摆放两套公用餐具。摆放时先将两个公用盘分别放在正、副主人酒具的前方。公用盘分前后放小勺和筷子，小勺和筷子的后端一律向右。如果使用转台，则应在铺好台布后，先将转台摆放在桌子的中央，在这种情况下就没有地方摆放公用餐具，但要在正、副主人酒具的前方放一双垫有筷子架的公用筷子。筷子横放，尾端朝右，字头和图案向上。

（7）菜单、花瓶（花台或其他装饰物）和台卡。花瓶（花台或其他装饰物）摆在台面正中，朝向主人位；台卡摆放在花瓶（花台或其他装饰物）正前方、面对副主人位。休闲宴会中所有的菜点，按食用的顺序全部打印在菜单上，如有外宾要附有英文菜单。10人一桌设两个菜单，10人以上设4个菜单。菜单摆放在正、副主人筷子的旁边，底部距桌边1厘米。如设4个菜单，可摆"十"字形。

（8）五味架。是分别装有酱油、醋、盐、胡椒面、辣椒油的五个小瓶子，放在一个银架子上，故称"五味架"。宾客可在进餐中任意选用。五味架每桌一个，摆在正主人右侧第三套餐具的右上方。

图5.26和图5.27是中式休闲宴会摆台及台面公共用具摆放平面图。

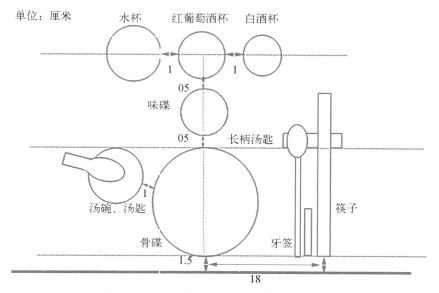

图5.26 中式休闲宴会摆台平面图（1人位置）

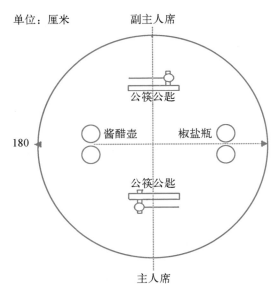

图 5.27　中式休闲宴会台面公共用具摆放平面图

（9）席次牌。席次牌是标有号码的塑料牌。用途是使进餐的宾客对桌入座。席次牌放在主宾右侧，相距桌边2厘米。席次牌号码朝厅堂的进出口处。

分派各种餐、酒具，要边摆边检查，发现不清洁或破损的要更换，保证安全、保持美观。

三、西式休闲宴会摆台

（一）西式休闲宴会餐具种类及应用

西餐用具品种繁多，每种用具都有其特定用途，不可随意乱用。

1. 餐刀

西餐用的餐刀有不锈钢、合金铝和银质的几种。餐刀按其形状大小及用途可分为副餐刀、正餐刀、鱼刀、黄油刀等多种。

（1）副餐刀。也叫沙拉刀，与副餐叉配合，一般吃沙拉用。

（2）正餐刀。又称大号刀，全长约20厘米，和正餐叉配用。用于吃大盘菜品。

（3）鱼刀。一种小号刀，一般配鱼叉使用。主要用于吃鱼类。

（4）黄油刀。一种小型号的餐刀，刀片与刀把不在同一条水平线上。其用途是在吃面包等点心时，挑黄油或其他果酱用。

（5）牛排刀。一种刀身细长、刀片较薄的刀，与正餐叉搭配。主要用于吃各种排菜，如牛排、猪排等。

（6）水果刀。与水果叉配合，食用水果时用。

2．匙

匙按照其形状大小和用途可分为冻糕匙、清汤匙、奶油汤匙、茶匙等多种。

（1）冻糕匙。一种把较长的匙。主要用于食用冰冻类食品。

（2）清汤匙。又名汤勺，是一种大号匙。主要用于食用清汤、红汤等汤菜。

（3）奶油汤匙。又名奶汤匙，其匙身近似圆形，较深较大。主要用于食用奶油汤。

（4）茶匙。又名奶匙、咖啡匙。主要用于饮茶、牛奶、咖啡、可可等饮料，还可用于食用冰激凌等冷食。

（5）点心匙。一种中号匙，匙身圆形，底稍平。主要用于食用布丁等各种西点。

（6）小杯咖啡匙。一种精巧的小号匙。主要用于饮用小杯咖啡、牛奶和可可饮料。

（7）服务用匙。又名分勺、分匙，一种大型匙，全长在24厘米左右。主要用于分派各种汤菜。还有一种服务勺，带槽。

3．餐叉

餐叉同餐刀一样，也有不锈钢、合金、铝和银质几种，按其大小、形状、作用又可分为海鲜叉、副餐叉、正餐叉、鱼叉、龙虾叉、蜗牛叉、服务用叉、切肉用叉等。

（1）海鲜叉。又称小号叉。主要用于吃海鲜等菜品，也可用于吃小盘菜、点心和水果。

（2）副餐叉。主要用于吃沙拉。

（3）正餐叉。吃肉类菜肴、蛋类菜肴用。

（4）鱼叉。又称中号叉。主要用于吃鱼等中盘菜。

（5）龙虾叉。一种特殊的餐叉。主要用于吃带甲壳的海鲜菜品，如龙虾、螃蟹、蛎黄等。

（6）蜗牛叉。主要用于吃蜗牛等特殊风味的菜品。

（7）服务用叉。一种大型的叉，全长约24厘米。主要用于分装菜点。

（8）切肉用叉。一种两齿叉。切熟肉时用于固定肉块。

4．瓷器类

宾客用的餐盘、餐桌上的小附件、调味品罐、咖啡壶等，一般都是陶瓷的。瓷器比银器显得柔和、温暖。

（1）装饰盘。

（2）面包碟：用于摆放面包，与黄油刀并用。

（3）甜品碟：用于服务头盘或甜点。

（4）主餐盘：用于服务主菜的餐盘。

（5）咖啡、茶杯：用于服务热咖啡或热茶。

5．西餐酒具

（1）香槟酒杯。常用郁金香形香槟杯，能使气泡更好地显示出来，而且能使香槟酒的发泡时间更久一些。

（2）雪利酒杯。这种酒杯上部呈喇叭形，杯身较深，能装75—110克酒。

（3）鸡尾酒杯。常见的有 V 形鸡尾酒杯和细颈鸡尾酒杯，一般的鸡尾酒杯能装110—150克酒。

（4）红葡萄酒杯。

（5）白葡萄酒杯。

（6）水杯。

（二）西式休闲宴会摆台方法

1. 餐具摆放原则

西餐餐具的摆放，与餐具的使用习惯有密切关系。服务人员在摆放餐具时，基于卫生考虑，尽量不要让双手碰触刀面、匙面、叉面等。由于西餐具多以金属制，故拿餐具时必须拿餐具的柄部。在摆放餐具时要注意以下细节。

（1）以餐盘放置的位置为准，左放叉，右放刀或匙，上放点心餐具，叉齿及匙面朝上，刀直摆时刀刃朝下。面包盘放在左手边，黄油刀摆放在面包盘上，亦即位于餐叉左侧。一般而言，只有在上奶酪时，才会将奶酪类的餐具摆设上桌。摆放时，点心叉叉必须紧靠装饰盘，点心匙或点心叉上方，摆放应以最容易拿取使用为原则。

（2）依餐具使用习惯，左右两侧餐具应依使用先后由外向内摆放。摆设时以装饰盘为主，最后使用的主餐餐具应先摆放在装饰盘左右两侧，依次往外摆设餐具。也就是说，餐中最先使用的餐具，将最后摆放在最外侧。

点心餐具通常只需先摆放一套即可，若遇有两种点心，另一道点心的餐具可以随该点心一起上桌。若要先行摆放亦可，但要做到全部摆法一致。

（3）休闲宴会餐具悉数摆放上桌。如果是为了美化餐桌，则西式休闲宴会摆设应以不超过5套餐具为宜，然而为了讲究效率，通常除特殊餐具外，正式西式休闲宴会场合都将菜单上所要求的餐具全部摆放上桌。这种摆放方式不仅使服务时得以节省很多时间，也可使服务人员进行服务时较为顺手。

（4）为讲究摆放的变化，两种相同形状、大小的餐具不同时摆在一起。

（5）餐具附底盘一起服务时（例如咖啡杯盘），餐具可放在底盘中一直服务（例如咖啡匙放在底盘上）

2. 酒杯摆放原则

酒杯摆放，也与使用习惯有密切联系。拿酒杯时，基于卫生考虑，应拿杯柄，切勿将手放在杯口处。摆设酒杯时要注意以下细节。

（1）每次摆放不超过4个酒杯。在西式休闲宴会中，由于海鲜类（或白肉类）会使用白葡萄酒来搭配，红肉类会搭配红葡萄酒，点心类则搭配香槟、雪利酒或波特酒，再加上水是西餐的必备之物，所以西式休闲宴会餐桌上都摆设4种不同的杯子，即水杯、红葡萄酒杯、白葡萄酒杯及香槟杯。其他一些如饭前酒酒杯和甜品酒杯都不预先摆上桌，以免餐桌显得过于杂乱，所以摆设时应以不超过4个杯子为原则。

（2）酒杯摆放以靠近餐盘的主餐刀上端为基准点，根据葡萄酒饮用顺序，以左上右下的位置逐一排成一直线，最先使用的葡萄酒杯要放在右下方的位置，而水杯应放在最后使用的葡萄酒杯的左方。酒杯通常采用左上右下、斜45度的摆设方式。通常情况下杯子的高矮设计与酒的饮用顺序一致,即最先饮用的杯子最矮,而水杯因为始终要摆在餐桌上,通常最高。在只有1个杯子时,摆放在主餐刀的正上方约5厘米处;有2个杯子时,高杯摆放在餐刀正上方5厘米的位置,矮杯则放在高杯右侧略为偏下之处;有3个杯子时,为了摆放整齐,可将最矮的杯子摆在沙拉刀的正上方3厘米处,然后按照左高右低、左上右下、斜45度的顺序依次摆放酒杯;如果设置有第4个酒杯——香槟杯,当香槟杯比水杯高时,便可将其摆放在水杯上方左侧,或是放在水杯与红酒杯中间。

（3）不摆放形状、大小相同的酒杯。餐桌上不应摆放两个形状与大小都相同的酒杯。一般红葡萄酒杯的容量是0.21—0.27升,白葡萄酒杯的容量则为0.18—0.24升。目前一般采用通用型的红、白葡萄酒杯。因此红、白葡萄酒杯选用时要注意区分容量,否则便可能无法遵守这项摆放原则。

3. 餐具摆设的要求

餐具的摆设应兼顾美观、客人方便取用、服务员方便服务和全餐厅统一等要求。

（三）西式休闲宴会摆台步骤

1. 确定席位

（1）如是圆桌,席位与中式休闲宴会席位相同。

（2）如是长台,餐台一侧居中位置为主人位,另一侧居中位置为女主人或副主人位,主人右侧为主宾,左侧为第三主宾,副主人右侧为第二主宾,左侧为第四主宾,其余宾客交错类推。

（3）根据菜单要求准备餐具,餐具齐全、配套分明、整齐统一、美观实用。

2. 餐、酒具的摆放

（1）装饰盘放在离桌缘2厘米处。若换上有饭店标志的装饰盘,摆设时必须使其朝向正前方12点钟位置。装饰盘通常适用于正式休闲宴会,在非正式西式休闲宴会场合则不一定要使用。注意盘与盘之间的距离要相等。

（2）摆放时应先从主餐餐具着手。以主菜是牛排为例,需使用牛排刀及主餐叉。牛排刀应摆放于装饰盘右方,离桌缘2厘米处。

（3）鱼类菜肴一般比较清淡,通常在主菜前食用,使用的餐具主要是鱼刀和鱼叉。将鱼刀摆放在牛排刀的右方,离桌缘5厘米处;鱼叉则置于主餐叉左方,离桌缘5厘米处。

（4）汤类菜肴需使用汤匙,摆放时应置于鱼刀右方,离桌缘2厘米处。

（5）开胃菜或头盘菜一般需使用沙拉刀和沙拉叉。沙拉刀摆放在汤勺的右侧,离桌缘2厘米,沙拉叉摆放在鱼叉的左侧,距离桌缘也是2厘米。

（6）当主餐之前所有菜肴的餐具摆放完成后,接着便可往下进行点心餐具的摆放。比如点心是巧克力蛋糕,则需要使用点心叉及点心匙。点心叉应摆放在装饰盘上方约1厘米处,叉柄朝左,点心匙则置于点心叉上方,匙柄朝右。

（7）正式休闲宴会时，咖啡杯不预先摆上桌，而需放在保温箱保温，等上点心后再取出摆放，以保持咖啡杯的温度。又因小甜点不需要使用餐具，而最后由服务人员端着绕场服务或放在桌上让客人直接用手取用，所以接着应摆放面包盘。面包盘是西式休闲宴会必备的摆设，应置于叉子左侧1厘米处，面包盘的中心与装饰盘的中心在一条直线且平行于桌边。

（8）接着应摆放黄油刀。将其放在面包盘右侧三分之一处，刀刃朝左，或横摆在面包盘上方，刀刃朝下。无论采取何种摆法，但求整个西餐休闲宴会厅的摆设统一即可。

（9）当按菜单将餐具摆放完成后，便应开始摆放酒类杯子。假设客人点用白葡萄酒和红葡萄酒，摆放酒杯时可将白葡萄酒杯摆放在沙拉刀正上方2厘米处，在其左侧摆放红葡萄酒杯，红葡萄酒杯左侧摆放水杯，三杯呈一条直线，与桌边形成45度角，三杯之间分别相距1厘米。

（10）接着摆放胡椒罐、盐罐、牙签筒，每桌至少应摆放2套。至于火柴、烟灰缸如有禁烟规定可以暂时不摆放，视客人需求再行设置。

（11）最后摆放餐巾、菜单（每桌最少2本）、烛台、花卉。图5.28是由头盆、汤、鱼、主菜、甜点组成的休闲宴会菜单的餐具摆放。图5.29是西式休闲宴会公共用具摆放示意图。

总之，摆台时，按照一盘底、二餐具、三酒水杯、四调料用具，呈现艺术摆设的程序进行，要边摆边检查餐具、酒具，发现不清洁或有破损的要马上更换。摆放在台上的各种餐具要横竖交叉成线，有图案的餐具要使图案方向一致，全台看上去要整齐、大方舒适。

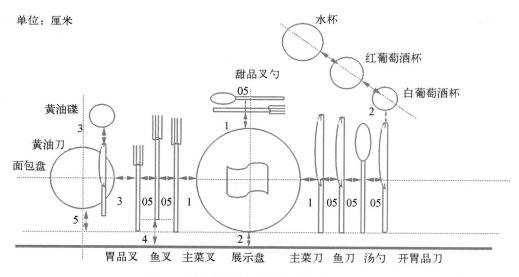

单位：厘米

图5.28　西式休闲宴会摆台示意图（一人位）

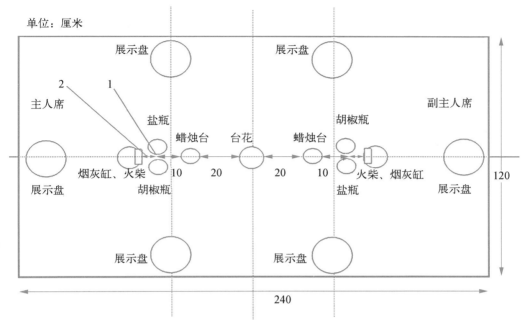

单位：厘米

展示盘　展示盘

2　1

主人席　　　　　　　　　　　　　　　　　　　　副主人席

盐瓶

蜡烛台　台花　蜡烛台

胡椒瓶

烟灰缸、火柴　　10　20　20　10　火柴、烟灰缸

展示盘　胡椒瓶　　　　　　　　　　　盐瓶　展示盘

120

展示盘　展示盘

240

图 5.29　西式休闲宴会公共用具摆放示意图

四、中西式休闲宴会台面布置

中西式休闲宴会台面布置，首先摆食盘定位，刀、叉、筷子、匙分摆两边，各种酒杯可按西式摆台方法置刀勺正前方，也可按中式摆台方法置食盘正前方。汤、菜按每人一份供应与服务。筷子可竖放也可横放，其他餐具数量根据菜肴而定。餐饮的融合是势之必然，餐台台面布置仅是一种服务方式的反映，可以在具体的经营中根据具体情况组合使用。

第四节　休闲宴会台形和席位设计

一、休闲宴会台形设计含义

根据休闲宴会形式、主题、人数、接待规格、习惯禁忌、特别需求、时令季节和宴会场地的结构、形状、面积、空间、光线、设备等情况，设计宴会餐桌排列的总体形状和布局。其目的是合理利用宴会场地条件，表现主办人的意图，体现宴会规格标准，烘托宴会气氛，便于宾客就餐和员工在席间服务。

二、休闲宴会台形设计总体要求

多桌宴会的台形布局要遵循因地制宜、突出主桌、整齐有序、松紧适宜的原则。

（一）根据宴会规模，适应餐厅场地

中式休闲宴会使用圆桌台面，餐桌的排列要根据桌数的多少和宴会场地的大小及实际情况（如门的朝向、主体墙面位置等）安排。多，不能拥挤；少，不能空旷。各桌台形应统一，主桌可例外。不规则、不对称的厅房，由于门多、有柱子，应通过设计弥补它的短处。

（二）突出主桌，主桌应置于显著的位置

主桌位置视餐厅结构、门的朝向、主体墙面（或背景墙面）等因素而定。主桌应设在面对大门、背靠主体墙面（指装有壁画或加以特殊装饰、较为醒目的墙面）的位置，能够纵观全厅。如受厅房限制，也可安排在主要入口的大门左侧或右侧的中间，将面向主要入口大门的通道，辟为主通道。如果从会见厅到主桌，不通过主通道时，还应有主宾通道。其他餐台座椅的摆法、背向要以主桌为准。中式休闲宴会不仅强调突出主桌的位置，还十分注意对主桌进行装饰，主桌的台布、餐椅、餐具、花草等，也应与其他餐桌有所区别。

（三）餐桌应成一定的几何图形，餐台的排列应整齐有序

按餐厅的形状和大小及赴宴人数的多少安排台形。整个宴会桌的排列应整齐有序、间隔适当、合理布局、左右对称，桌脚成一条线，椅子一条线，花瓶一条线。主桌主位能互相照应。

桌数不同时，台形结构和布局也各不相同。3桌可排成"一"字形，也可摆成"品"字形；4桌可摆成菱形，也可摆成正方形（当宴会厅为正方形时）；5桌可摆成"立"字形，也可摆成"器"字形；6桌可摆成"金"字形（正方形宴会厅），也可摆成长方形（长方形宴会厅）。当桌数更多，达20多桌时，其台形可摆成"主"字形，主桌单独一排，其他桌摆成方格即可。除了主桌外，所有桌子都应编号。

（四）间隔适当，既方便来宾就餐，又便于席间服务

宴会台面直径以1.8米为常见，通常坐10人。主台的台面直径略大，一般为2米或2.2米，人数再多时，桌面可适当增大。直径超过1.8米应安放转台。桌间距离以方便穿行、上菜、斟酒、换盘为宜，一般不小于2米。大型宴会要合理设置备餐台，以作上菜、分菜、换盘之用。留有主、副通道，大型宴会要留有VIP通道，以便于主要宾客入座。

三、休闲宴会台形设计内容

（一）确定主桌

休闲宴会台形设计时，首先应确定主桌。

（二）编排台号

除主桌外，所有桌子均应编号。按数序排列。按剧院排号法编号，左边为单号，右边为双号。在不便排定台号的情况下，也可用花名作为台号编排。放置号码架。号码架的高度不要低于40厘米，使客人从餐厅的入口处就可清楚看到。

（三）编制台号图

大型休闲宴会，在客人入口处有大型台号图，方便客人查找自己桌子的号码和位置。座位图应在宴会前画好，宴会组织者根据座位图来检查宴会的安排情况，划分工作人员的工作区域；宴会主人可按座位图来安排客人的座位。任何座位计划都要为可能出现的额外客人留出10%的座位。

（四）舞台与背景

大型宴会舞台有主台与副台之分。

（1）主台的功能用于主人与主客的讲话，应配有话筒与讲台，置于舞台的正中，在舞台的右侧（面向舞台下方）设有两只立式话筒，供主持人与译员使用。如有演出，也可使用此舞台。舞台与主桌应有一定的距离，背向舞台，主人的椅背离舞台边缘不小于1.5米，如有演出不小于2米。

（2）副台的功能主要供休闲宴会的伴宴乐队的使用，如是中、西两支乐队可在主台的两侧搭建两个舞台，供他们分别使用；如是一支乐队，可在主台的对面搭建一个舞台，供他们使用。副台应小于、低于主台，副台配有演奏员的座椅、演出话筒。在不设舞台的宴会中，可在主桌的右侧（面向下面桌子方向）放两只立式话筒，供主人与主客祝酒时使用。

（3）设工作服务台。分菜服务可在服务台上进行，然后发送给客人，服务台上备有客人需要更换的餐具与酒水，摆放整齐。工作服务台的位置、大小应统一，可2—4桌配备一组，工作服务台视厅房面积而定，但每桌不要小于90厘米×45厘米。

四、中式休闲宴会台形设计基本组合

多桌宴会桌次的高低，根据习惯，以离主桌位置的远近而定，即主桌第一，左高右低，近高远低。

（一）小型休闲宴会台形设计（1—10桌）

（1）1桌：餐桌位于宴会厅的中央位置，宴会厅的屋顶灯对准桌心。

（2）2桌：根据厅房的形状及门的方位而定（图5.30）。

（3）3桌：宴会厅是正方形则摆成品字形；长方形则摆成一字形（图5.31）。

（4）4桌：若厅是正方形，可将餐桌摆放成正方形；若厅是长方形，可将餐桌摆放成菱形（图5.32）。

（5）5桌：若厅是正方形，可在厅中心摆1桌，四角各摆1桌，也可摆成梅花形；若厅是长方形，可将第1桌放于宴会厅的正上方，其余4桌成正方形（图5.33）。

（6）6桌：可将餐桌摆成梅花形、菱形、长方形、三角形等（图5.34）。

（7）7桌：若厅为正方形，可摆成六瓣花形；若厅为长方形，可摆成1桌在正上方，6桌在下，呈竖长方形（图5.35）。

（8）8—10桌：将主桌摆放在宴会厅正面或居中摆放，其余各桌按顺序排列，或横或竖，可双排或三排（图5.36、图5.37、图5.38）。

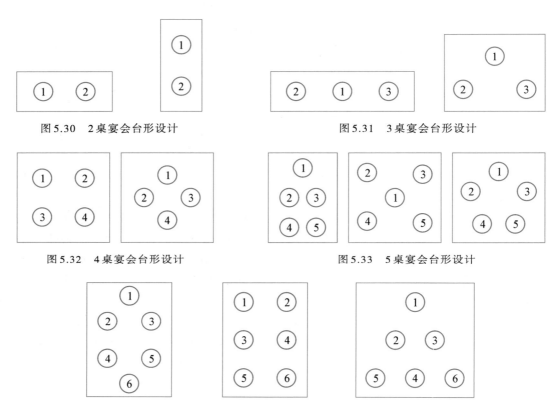

图5.30　2桌宴会台形设计　　　　　　　　　图5.31　3桌宴会台形设计

图5.32　4桌宴会台形设计　　　　　　　　　图5.33　5桌宴会台形设计

图5.34　6桌宴会台形设计

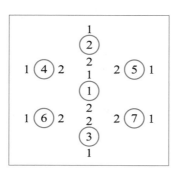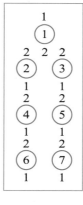

图5.35　7桌宴会台形设计

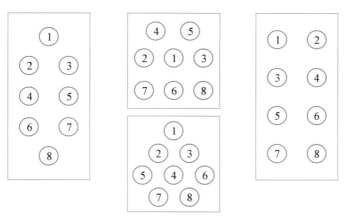

图 5.36　8 桌宴会台形设计

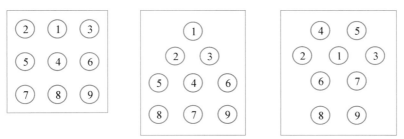

图 5.37　9 桌宴会台形设计

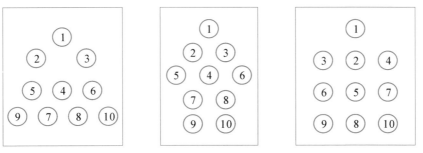

图 5.38　10 桌宴会台形设计

（二）中型休闲宴会台形设计（11—30 桌）

（1）中型休闲宴会台形设计可参考 9 桌、10 桌宴会的台形设计。

（2）如果宴会厅够大，也可将餐桌摆设成别具一格的图案。中型休闲宴会无论采用哪种台型，均应注意突出主桌，如果主桌由一主两副组成，即摆 3 桌，1 个主宾桌与 2 个副主宾桌。中型及以上宴会均应在主桌的后侧设讲话台和麦克风。11 桌、12 桌宴会台形设计如图 5.39 所示，25 桌以上宴会设计如图 5.40、图 5.41 所示。

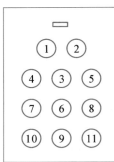
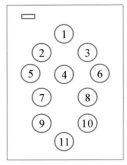
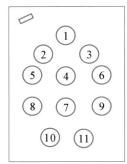
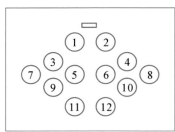
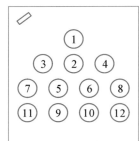

图5.39　11桌、12桌宴会台形设计

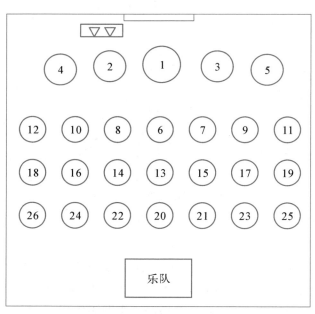

图5.40　中型宴会台形设计

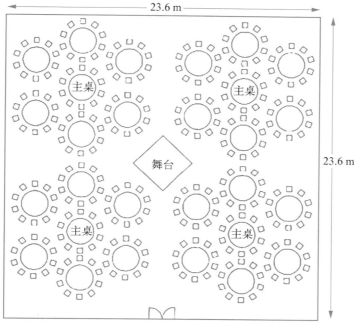

图 5.41 菱形排列

（三）大型休闲宴会台形设计（31桌以上）

大型休闲宴会由于人多、桌多，调入的服务力量也大，为指挥方便、行动统一，应视宴会的规模将宴会厅分成主宾席区和来宾席区等若干服务区。

主宾席区可以设一桌，用大圆桌或用一字形台、U形台等，也可以设3桌或5桌，即一主两副或四副。主宾餐桌位要比副主宾餐桌位突出，同时台面要略大于其他餐桌。来宾席区，视宴会的大小可分为来宾一区、二区、三区等。大型宴会的主宾席区与来宾席区之间应留有一条较宽的通道，其宽度应大于一般来宾席桌间的距离，如条件许可至少不少于2米，以便宾主出入席间通行方便。

大型休闲宴会要设立与宴会相协调的讲台，如有乐队伴奏，可将乐队安排在主宾席的两侧或主宾席对面的宴会区外围。大型休闲宴会台形设计如图5.42所示。

五、西式休闲宴会台形基本组合设计

西式休闲宴会一般使用长台。台形一般摆成一字形、马蹄形、U形、T形、正方形、鱼骨形、星形、梳子形等。宴会采用何种台形，要根据参加宴会的人数、餐厅的形状以及主办单位的要求来决定。餐台由长台等基本台子拼合而成，椅子之间的距离不得少于20厘米，餐台两边的椅子应对称摆放。

（一）一字形台、豪华型台、马蹄形台和T形台

这些台子适用于20人左右的休闲宴会，其一般设在餐厅的中央位置，与餐厅两侧的

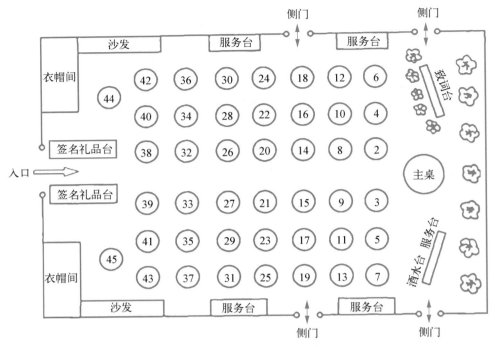

图 5.42　大型宴会台形设计

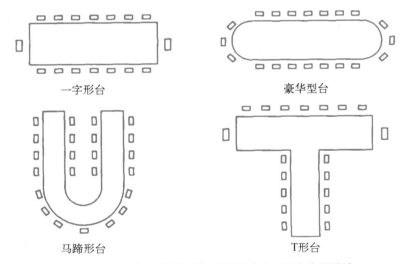

图 5.43　一字形台、豪华型台、马蹄形台和 T 形台台形设计

距离大致相等，餐台的两端留有充分余地，便于服务员工作。4 种台形如图 5.43 所示。

（二）U 形台、E 形台、梳子形台和正方形台

U 形台横向长度应比竖向长度长一些；E 形台、梳子形台的翼的长度要一致；正方形台一般为中空，显得开阔疏朗。4 种台形设计如图 5.44 所示。

（三）星形台、教室形台和鱼骨形台

星形台中间放圆桌，外侧放长方形餐桌，如光芒外射的星状；教室形台，主宾席用一字形长台，一般来宾席则用长方形餐桌或圆形餐桌。星形台、鱼骨形台的长方形餐桌皆可加长，教室形台纵横皆可加排长方形餐桌。人数较多的西式休闲宴会才用此类台形。3种台形设计如图5.45所示。

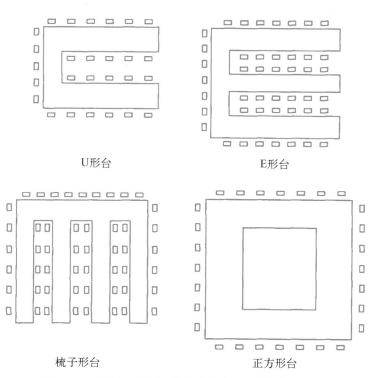

U形台　　　　　　　　　　　E形台

梳子形台　　　　　　　　　正方形台

图5.44　U形台、E形台、梳子形台和正方形台台形设计

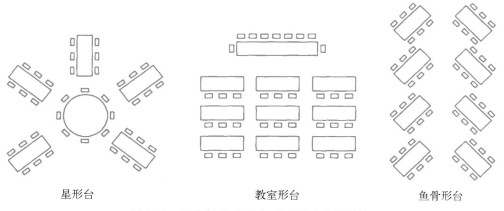

星形台　　　　　　　教室形台　　　　　　鱼骨形台

图5.45　星形台、教室形台、鱼骨形台台形设计

六、休闲宴会前酒会台形设计

（一）设主宾席的酒会布置

正规的酒会一般不设主宾席，但结合我国的具体情况，举办酒会有时要设主宾席。

（1）根据主办单位所确定的人数，摆放沙发，沙发前摆茶几，在适当的位置设讲话台。

（2）一般来宾席摆放一定数量的小型圆桌或方桌，来宾站立进餐和饮酒。厅堂的四周可摆放少量的座椅，供需要者使用。

（3）酒会与冷餐会的区别之一就是不设餐台，所有酒会供应的食品都由服务员直接送到餐桌。

（4）要设立鸡尾酒服务台（吧台），其数量、位置要与来宾的人数、场地相适应，并且要考虑方便来宾点、取鸡尾酒和方便服务员为来宾送饮料。50人以上的酒会一般设立两个鸡尾酒服务台（图5.46）。

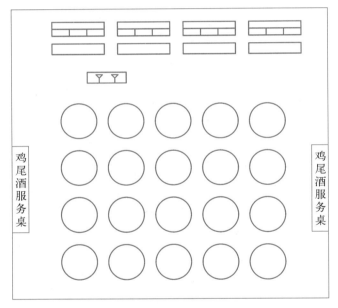

图5.46　酒会台形设计

（二）不设主宾席的酒会布置

（1）在宴会厅的正面用鲜花或绿树组成一个重点装饰面，使会场显得庄重，上下分明，在装饰面的前面一侧设讲话台。

（2）会场内设立数量合适的小型餐桌，参加酒会的来宾全部站立饮酒、用餐。

（3）鸡尾酒服务台设在会场的一侧或两侧。会场四周摆放少量座椅，以方便需要者使用。

我国宴席，席位上有"上首""下首"之分，还有你座他陪或"首席""上菜口"之别。一般宴会，主人面对正厅门而坐，对面坐副主人。主人的右侧为上座，由首席宾客就座。主人的左边常常安排首席陪同。其他人只排桌次或自由入座，但现场均要有人引导。

根据国际上的习惯，桌次高低以离主桌位置远近而定，右高左低。桌次较多时，要摆桌次牌（台签）。同一桌上，席位高低以离主人的座位远近而定。外国习惯，多尊重女性，宴席男女交叉安排，以女主人为准，主宾在女主人右上方，主宾夫人在男主人的右上方。我国习惯按各人职务排列，以便于谈话。有女士出席，通常把女士排在一起，即主宾坐男主人右上方，其夫人坐女主人右上方。两桌以上的宴会，其他各桌第一主人的位置可以与主桌主人位置相同，也可以以面对主桌的位置为主位。

（一）中式休闲宴会席位安排

中式休闲宴会圆台面一般每桌安排10个席位，也有的安排12个席位。席位的间隔距离一般为50—60厘米。预订酒席宾主席位的安排，如果订席时顾客没有提出要服务员安排的要求，由主人自行安排，但应在订席时主动征询顾客的意见，事先确定；如果需要服务员安排座次（宴会一般由服务员安排座位），服务员应该事先了解首席主人、副主人、主宾、副主宾以及其他宾主的名单，按照各桌的座次，及时拟出各宾主席位的排列方案，送宴席主持人过目确定，并填写入席签摆在席位上。

1. 单桌宴会的席位安排

（1）主人席位的确定。第一主人（正主人）的席位一般面对宴会厅入口处，以便环视整个宴会的进展情况。第二主人（副主人）的席位设于正主人的对面，正副主人与桌中心呈一条直线相对。

（2）宾客席位的安排。第一客人（主宾）位应设于主人位的右侧，第二客人（副主宾）位应设于副主人位的右侧，使主宾位与副主宾位呈相对式；第三客人位与第四客人位分别在主人位与副主人位的左侧，也呈相对式。如主宾、副主宾均偕夫人出席时，此席位则分别为夫人席位；主宾与副主宾位的右侧分别为翻译席位；第三客人与第四客人位的左侧分别为陪同席位。同一桌上，席位的高低以离主人座位的远近而定（图5.47）。

在国际交往中，安排席位遇到特殊情况也可以灵活变动，如主宾身份高于主人，为表示对宾客的尊敬，可把主宾安排在主人席位上，而主人则坐在主宾的席位上。主宾有夫人参加宴会，而主人的夫人未能出席时，可以请身份相当的妇女坐在副主人位或者把主人夫妇安排在主宾一侧。

2. 多桌宴会的席位安排

大中型休闲宴会往往只安排主桌席位，其他宾客则按照桌次就位。大型休闲宴会

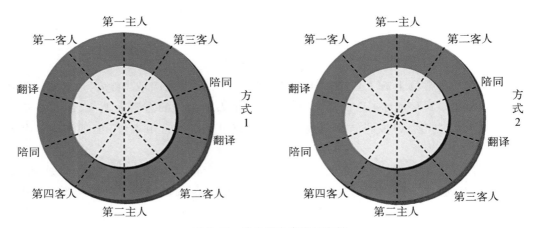

图 5.47　单桌宴会席位的安排

可先将宾客席次打印在请帖上，使宾客心中有数，现场还可以安排礼宾员，引领客人入座。

多桌宴会的主桌要求居中摆放，主人席位居于主桌正中，而其他桌的主人席位应与主桌主人呈对面式或侧对式（图 5.48）。

（二）西式休闲宴会席位安排

1. 一字形长台席位安排

一字形长台席位安排有两种方式：一是将主人席位安排在餐台横向的上首中间，副主人（女主人）席位在主人席对面，即横向下首中间，如图 5.49 所示；另一种方式是将主人和副主人（女主人）席位安排在长台纵向的两端，这种安排可提供两个谈话中

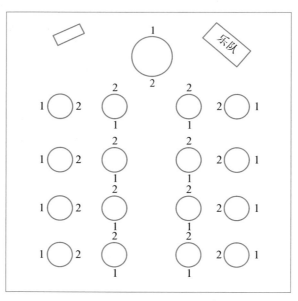

图 5.48　多桌宴会的席位安排

心,避免客人坐在末端,如图5.50所示。

　　2.U形台席位安排

　　U形台席位安排如图5.51、图5.52所示。

　　3.回形台席位安排

　　回形台席位安排如图5.53所示。

　　4.T形台席位安排

　　T形台席位安排如图5.54所示。

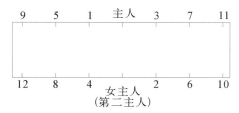

图5.49　一字形长台席位安排方式之一

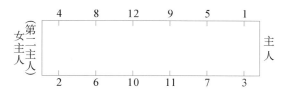

图5.50　一字形长台席位安排方式之二

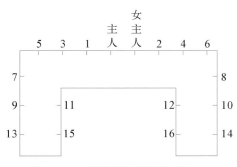

图5.51　U形台席位安排方式之一

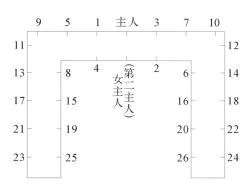

图5.52　U形台宴会席位安排方式之二

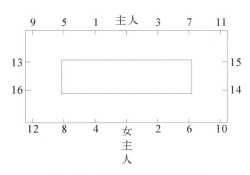

图5.53　回形台宴会席位安排

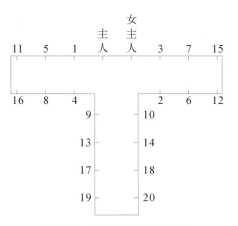

图5.54　T形台宴会席位安排

第六章 休闲宴会菜单设计

开篇案例

"1999年世界财富论坛年会"宴会菜单

"财富论坛年会"每年在世界上一个具有吸引力的热门地点举行一次，邀请全球跨国公司的董事长、首席执行官、世界知名的政治家和学者参加，共同探讨全球商界所面临的问题。

上海是世界上最具活力的新兴商业中心之一，是举行1999年财富论坛年会最理想的地点。会议于1999年9月27日至29日，也即中华人民共和国成立五十周年前夕召开，以"中国：未来的五十年"为主题。会议讨论的焦点是今日和进入下一世纪时中国的商业机会和挑战，经济问题，以及在中国经商的实际情况。

上海锦江集团承办了这次宴会（因客人要求此宴会不要冷菜），并设计了相应的菜单。

热菜：

风传萧寺香（佛跳墙）

云腾双蟠龙（炸明虾）

际天紫气来（烧牛排）

会府年年余（烙鳕鱼）

点心：

财用满园春（美点笼）

富岁积珠翠（西米露）

水果：

鞠躬庆联袂（冰鲜果）

【问题】试说说此份休闲宴会菜单的优点。

第一节　休闲宴会菜单设计概述

休闲宴会菜单是休闲宴会经营活动的基础和总纲，是宴会主办方、与宴者、宴会设计单位、宴会承办单位等多方沟通的桥梁。菜单设计是休闲宴会设计的重要内容，也是本课程的重点章节。本节将在给出休闲宴会菜单定义的基础上，论述休闲宴会菜单与普通零点菜单的异同，并对菜单设计的内容与原则做详细阐述。

一、休闲宴会菜单的定义

"菜单"一词源于拉丁语"minutus"，意为备忘录，即菜单本来是厨师为了备忘而记录的单子。现在人们把菜单解释为饭店企业经营的食品饮料的清单。

休闲宴会菜单与普通菜单不同，它是设计的产物，菜单上的菜品是根据一定要求、依据一定的原则、采用合适的方法精心组织在一起的，是"菜品组合的艺术"。如果说普通菜单是供零点客人选择自己喜爱的菜品饮料，是主动地选择的产物，休闲宴会菜单则是与宴者被动地接受的对象。休闲宴会菜单是前期宴会主办方与宴会设计单位反复协商最终敲定，并以一种类似于装饰物的形式呈献给每一位与宴者。**因此休闲宴会菜单可作如下定义：由设计者根据宴请对象、消费标准以及顾客需求，依据一定原则，采用合适方法精心编排菜品和酒水用以向与宴客人介绍宴会菜品，并通过个性化和创意性外形设计给人以美的享受。**

图6.1　休闲宴会菜单

可见，**休闲宴会菜单是告知单**，是宴会主办方和宴会设计单位以书面形式告知与宴者本次宴会将会享受哪些美食美酒、品尝的先后顺序是什么等；**休闲宴会菜单是艺术品**，是设计的结晶，放在宴会台面上起到装饰与美化的作用，给人以美的享受；**休闲宴会菜单是营销工具**，每一份休闲宴会菜单在内容编排以及外形设计上都独一无二、精雕细琢且易于携带，可成为宴会结束后口碑宣传的利器；**休闲宴会菜单是后厨及采购的依据**，宴会承办方要采购何种主料、配料、调味料，后厨要制作哪些菜品、烹饪方式如何、烹制的先后顺序如何都能做到有条不紊、心中有数。

课堂练习

"大家来找茬"

以小组为单位，"找出"休闲宴会菜单与普通零点菜单的异同，各组讨论后选派代表上台写答案，计时1分钟，在规定的时间内最接近参考答案者获胜。

二、休闲宴会菜单设计的内容

休闲宴会菜单的设计分两部分：其一是较为传统的**菜单内容的设计**；其二为**菜单外形的设计**。

休闲宴会菜单内容设计是休闲宴会菜单设计的重点和关键，具体包括确定菜品组合、确定宴会与菜品名称、确定搭配的酒水。尽管宴会的根本目的在于社会交往，但民以食为天，菜品与酒水仍然是一场宴会的重要角色，菜品的编排是否合理、酒水与菜品的搭配是否适宜、菜品名称是否与主题一致并给人以美的享受都会直接影响宴会主办方和与宴者对本次宴会的整体感觉是否优良。

休闲宴会菜单外形的设计，包括菜单材质和造型的选择、整体色彩搭配、字体图片及装饰物的搭配等，这部分对于休闲宴会而言尤为重要。菜单是与宴者入座后最先接触的东西之一，也是宴会结束后与宴者能带走的产品，是和与宴者接触时间最长的东西，因此在整体造型、材质与色彩上应与宴会主题浑然一体，能给人视觉冲击并使人产生想带走的欲望。

三、休闲宴会菜单设计的原则

在进行休闲宴会菜单设计时应把握以下原则。

（一）以顾客需求为导向原则

在休闲宴会菜单设计中，需要考虑的因素很多，但注重的中心永远是顾客的需要。"顾客需要什么""应该怎样才能满足顾客的需要"是在设计过程中必须始终重点关注的问题。

1. 了解顾客对宴会菜品的目标期望

顾客在饭店里举办宴会的目标期望各不相同，有的讲究菜品的品位格调，有的追求丰足实惠，有的意在尝鲜品味，有的注重养生营养等。要通过宴会菜单设计，想顾客之所想，增强菜品对顾客的吸引力，实现顾客对宴会菜品的目标期望。

2. 要了解顾客的饮食习惯、喜好和禁忌

出席宴会的客人各有不同的生活习惯，对于菜肴的选择，也各有不同的喜好。例如，在同一个地区的人，既有共同的饮食习惯、喜好和禁忌，但也因职业、性别、体质、个体饮食经历的不同而有差异。对于不同地区的人而言，口味喜好的倾向性差异更大，如川湘人喜辣，江浙人偏甜，广东人尚淡，东北人味重。不同民族与宗教信仰的人饮食禁忌各有不同，例如，回族人信奉伊斯兰教，禁食猪肉；佛教徒茹素忌荤。至于招待外国宾客，其国籍及其饮食习惯、喜好、禁忌，也是差别很大。因此，在菜单设计前，要了解这些情况，把客人的特殊需要和一般需要结合起来考虑，要把宴会客人与一般客人的需要兼顾起来。这样菜单上的菜品安排，会更有针对性，效果会更好。

3. 要适应饮食潮流的变化

设计宴会菜单时，要及时跟进饮食潮流的变化，把市场流行且顾客喜欢的新菜品充实到菜单中去。要了解饮食潮流与顾客需要的发展趋势，开发新的宴会产品，满足顾客尝新逐奇的消费心理。

（二）服务宴会主题原则

宴会主题不同，反映在宴会菜单中，其菜品原料选择、菜品造型、菜品命名，以至于菜单外形、色彩等方面也有区别。例如，西芹百合、银耳莲子羹常用于婚宴，菜单主色调选用红色、紫色、白色的居多；松鹤延年冷盘、长寿面等则适用于寿宴，选用黄色、金色作为菜单主色调；红楼宴在菜品的命名上尽可能选自《红楼梦》中的典故。所以，宴会菜单要为宴会主题服务，要围绕宴会主题进行设计。

（三）膳食平衡的原则

1. 必须提供膳食平衡所需的各种营养素

宴会菜品是由多种原料烹制而成的，其种类是否齐全、品质是否优良、数量是否充足、比例是否合理是特别重要的，直接影响营养对人体的效用。要在菜单设计中，以科学的膳食营养观来编排菜品，改变以荤类菜肴为主的旧模式，增加蔬菜、粮食、豆类及其制品、水果类原料的使用，提供膳食平衡所需的各种营养素，达到合理营养、节约食物资源的目的。

2. 选择采用合理的加工工艺制作菜品

宴会菜品应该是美味与营养的统一体，既可口诱人，有助于刺激食欲，同时又含有多种营养素，能被人体消化吸收和利用。在安排宴会菜品组合时，要从营养的角度，从原料的形状、原料的选用、加工烹调方法等方面进行考虑。要设计合理的加工工艺流程，使美味性与营养性统一于菜品之中。

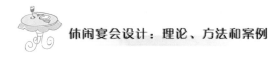

3.要从顾客实际的营养需求角度设计菜品

顾客对宴会营养需要的期望是因人而异的，不同性别、不同年龄、不同职业、不同经济状况、不同身体状况的顾客，对营养的认识与营养素的需求量是不尽相同的。一般来说，宴会菜品的营养设计，不是针对某一顾客个体，而是针对群体的基本需求，从总体上把握膳食结构平衡和营养的合理性。

（四）菜单制式艺术化原则

菜单制式艺术化原则，即封面体现宴会特色或融入宴会设计单位经营理念或体现宴会承办方特色；菜目编排顺序适应宴饮习惯，排列整齐美观；字体及其大小要便于识读；整体造型、采用的材质、色彩搭配与主题一致，给人以美的享受。

第二节　休闲宴会菜单内容设计

休闲宴会菜单的内容设计包括确定菜品组合、确定宴会与菜品名称、确定酒水搭配三方面内容，这是休闲宴会菜单设计的重点环节。本节将对三方面的设计内容进行一一阐述。

一、确定菜品组合

确定菜品组合即必须明确本次宴会应选用多少道菜、哪些菜、荤素点心水果各类别比例如何、上菜程序如何等问题。菜品的组合搭配是否合理直接关系到顾客的满意程度，是一场休闲宴会成败的关键。

（一）了解顾客信息及需求特征

休闲宴会的顾客不仅仅是前期与宴会设计单位对接的宴会承办方，也包括了届时参加宴会的与宴者。因此，"了解顾客的信息"应掌握与宴者的人数、性别比例、年龄分布、职业信息、受教育程度、地域分布等信息，且尽可能详细。例如，一次宴会女性顾客居多，则可适当添加美容、瘦身等菜品；而诸如"千叟宴"等以年长顾客为主的宴会则需从养生、咀嚼性等角度考虑菜品的搭配。职业信息和受教育程度会影响到菜品和宴会的取名，地域分布信息则决定了菜品与酒水选择时的禁忌。"了解顾客需求特征"应以宴会承办方为主，兼顾与宴者需求，如宴会承办方的资金限额、菜品与酒水偏好、与宴者的个别食材与口味禁忌等。

这些信息是确定宴会成败的关键点，因此应尽可能与宴会承办方当面沟通，沟通前应罗列好要询问的内容，拟好问题提纲，以免遗漏。若确有遗漏，可后期再安排电话、邮件沟通甚至二次面谈。

（二）明确宴会主题及目标

在菜品的选择上应时刻考虑宴会的主题与目标，要围绕主题选菜品。如古今中外闻名的长兴顾渚山紫笋茶宴,就是以茶文化和地方特色文化为主题的休闲宴会,其中著名的菜品有"紫砂护国茶""茶香迎贵宾""明月峡雉鸡""茶经酥雪鱼"等,在菜品的选择上尽可能突出茶文化和地方文化特色。婚宴中的"西芹百合""银耳莲子羹""清蒸石斑鱼"等菜肴寓意百年好合、早生贵子、如鱼得水,与婚宴主题贴近,是婚宴中的必点菜式。

 扩展阅读

长兴顾渚山紫笋茶宴

紫笋茶产于长兴县顾渚山,乃茶之上品。用紫笋茶制作的菜肴主要有以下三个特点:首先,直接用紫笋茶叶制作菜肴。如"紫砂护国茶",用三分之二的野菜叶子,加上三分之一的茶叶掺和做成羹状,颜色油绿,口感清香、淡雅。其次,用茶叶、茶根、茶茎的汁水与菜肴一同烹制,使菜肴具有茶香的味道,如"茶香迎贵宾"是茶宴中的第一道冷菜拼盘,用料跟卤水拼盘差不多,只是在开始时,放在融合各种名茶的汁水里煮,使其具有"茶香"的味道。再次,是采集紫笋茶产地的顾渚山周围农民土家菜,进行改良而成。如"明月峡雉鸡"就是一道土菜。因当地农民深信紫笋茶的健脾、健身功效,所以习惯用茶叶、茶茎做辅料来烹制菜肴,达到更滋补的目的。

品尝紫笋茶宴的过程也是品尝长兴茶文化历史的过程。首先,具有一定的氛围。随着古筝音乐悠悠扬起,伴着菜肴解说员优美的声音,服务员列队迈着整齐的步伐,捧出一盘盘精美茶馔,置身此情此景中,无不让人有赏心悦目的感觉。其次,茶宴的外形乃至命名,都传递着一种强烈的文化气息,如"茶经酥雪鱼",因为《茶经》是茶圣陆羽当年在长兴所完成的一部关于茶文化的著作,所以,在菜品造型时将这款菜制成书本状,由紫笋茶点缀,外酥里松,颇富茶文化特色。

(三)挖掘本地文化与餐饮特色

任何主题的宴会,在菜品和食材的选择上都应挖掘当地文化和餐饮特色,让本次宴会在千篇一律的主题中脱颖而出。同样是婚宴,主题和目标类似,如何能让婚宴更具个性化,这就要在地方文化和饮食习惯上大做文章。如广东人讲究"意头",寓意鸿运当头的乳猪成为广东婚宴的必选菜式和第一道菜,在上菜时,由酒店服务员扛着一头眼睛闪闪发亮的乳猪出场。此外,寓意发财添丁的炒肉丁、寓意富贵的桂花鱼和龙虾也常常出现在广东婚宴的菜单中。饭前喝汤,婚宴开始前一大碗营养又美味的汤品更成为广东餐饮区别于其他地区餐饮的一大亮点。

(四)确定菜品种类、数量及编排顺序

首先,应明确本次宴会的就餐形式,中式的、西式的还是中西合璧式的,因为不同的就餐形式,菜品的种类、数量及编排顺序都会有所不同。其次,在明确宴会就餐形

式的基础上应确定本次宴会菜品的类型。中式宴会分冷菜、汤品、热菜、点心、水果五大类，西式宴会分头盘、汤、副菜、主菜、甜点、水果、热饮等，中西合璧式宴会则较为灵活多变，选择西式类别的较多。再次，应根据人数为每种类别的菜肴选定数目。如中式宴会应首先知晓每桌人数，根据人数确定菜肴数量，通常热菜数量与每桌人数相当，同时根据与宴者人群特点和每份菜品的菜量进行相应调整；西式宴会通常为每一类别选择一道菜肴即可，当然也应根据宴会主题、档次以及与宴者需求特点而有所调整，或主菜副菜合二为一，或增加主菜副菜数量；中西合璧式宴会由于采用了分餐制，其数量的确定可参考西式宴会的做法。最后，菜品的编排顺序即上菜顺序也应符合中西式菜肴的上菜惯例来确定，如中式按冷菜—汤品—热菜—点心—水果或冷菜—热菜—汤品—点心—水果，西式按头盘—汤—副菜—主菜—甜点—水果—热饮的顺序来编排。

中式宴会也好，西式宴会也罢，每种类别的菜肴在一次宴会中所起的作用是不同的，应突出主菜、巧配副菜，综合考虑风味、营养、造型，做到荤素搭配、粗细结合、干湿相辅（表6.1）。

表6.1　各类别菜肴功能及组合要领

次　序	功　能	类　别	组合要领
前菜引导	开胃菜、佐酒	烧烤、卤水、沙拉	避让热菜
主菜（热菜）造势	鉴赏、果腹	荤蔬菜品、汤羹	突出主菜、巧配辅菜
甜点谢幕	果腹、解酒、玩味	饭、面、点心、甜品、水果	注重时令

二、确定宴会与菜品名称

（一）确定宴会名称

在确定宴会名称时应把握以下原则：主题鲜明、简单明了、名实相符、突出个性。不同类型的宴会因其性质、特点不同，在名称的选定上也应有所不同。

1. 国宴

庄重大方，说明宴会性质。

大凡国宴，宴会之最高者，国家文化特色的体现，应本着庄重大方的原则，直白、一目了然。如"国庆招待会""为欢迎大不列颠及北爱尔兰联合王国女王伊丽莎白二世陛下和爱丁堡公爵菲利普亲王殿下访华　李先念主席举行宴会　一九八六年十月十三日　北京"等。

2. 喜庆类宴会

有的很直朴，不加缀饰；有的采用比拟附会的方法加以命名。

喜庆类宴会如婚宴、生日宴、庆功宴、团圆宴等，气氛较为轻松，在宴会的命名上宴会承办方会添加较多个人色彩,更多偏向主办方意愿。如"天赐良缘宴""龙凤和鸣宴""合家欢乐宴""满堂吉庆宴""庆功宴""琼林宴"等。有时为增加宴会的独特性,宴会命名时常添加宴会主角的名字或个性特征,例如张良与王美美的婚宴可选用二人名字中较喜庆的字眼,相互结合后取名"良"辰"美"景宴。

3. 商务宴会

既可阳春白雪,亦可下里巴人。

商务宴会的命名在很大程度上受到宴会主办方意志的影响。既可以阳春白雪,以弘扬当地文化为名,实则增进单位间关系,如杭州开元名都推出的商务宴会产品"印象西湖雨""又见茉莉花";也可以下里巴人,为迎合生意人图吉利、讨个好彩头的心理,直截了当、简单明了,如常见于各大酒店的"生意兴隆宴""事事如意宴""恭喜发财宴""百事大吉宴"等。

4. 岁时节令宴会

比较简朴、直截了当。

此类休闲宴会以各类节庆为由,宴请亲朋好友,以增进感情,畅叙情怀。在命名上,比较简朴、直截了当,如"新年招待会""请春宴""重阳宴""除夕宴""中秋赏月宴""万圣节夜宴"等。

5. 特色宴席名称

有的突出名特原料、名菜和地方特色,如"扬州三头宴""南通刀鱼宴""洛阳水席""四川田席";有的是把古代有特色的宴会及名人参加的宴会与现代文明相融合的仿古宴会,一般都比较明了,如"孔府宴""红楼宴""随园宴";有的突出菜点造型特色,如"西湖十景宴""西安八景宴";有的突出举宴场所和环境特色,如"秦淮河船宴";有的突出菜点道数,如"四六席""十大碗席"。

(二)确定菜品名称

宴会菜品名称的确定应雅俗得体、名实相符。有两种命名方式可参考,即直朴式命名法和隐喻式命名法。

1. 直朴式命名法

直朴式命名法即看到菜品名称就能基本了解菜品的概貌:在主料前加调味品的命名方法,如黑椒牛柳、剁椒鱼头;在主料前加烹调方法的命名方法,如划炒虾仁、粉蒸牛肉;以主辅料相加的命名方法,如香菇菜胆、瑶柱娃娃菜;在主料和主要调味品之间标出烹调方法的命名方法,如腐乳炝虾;在主料前加人名、地名的命名方法,如东坡肉、北京烤鸭;在主料前加色、香、味、形、质等特色的命名方法,如金银大虾;在主辅料之间标出烹调方法的命名方法,如栗子烧鸡;在主料前加上烹制器皿或盛装器皿的命名方法,如砂锅野鸭。

2. 隐喻式命名法

隐喻式命名法即根据休闲宴会主题,利用菜肴点心某些方面的特征,借助于谐音、比喻、夸张、借代、附会等文学修辞手法,为菜肴点心拟构与宴会主题相契合的名称。

这些名称往往是含有祝福、祈福、求贵、吉祥、喜庆、兴旺的意思，读起来顺口，富有情趣性。通常将直朴式的菜名标注其后，以便理解。

  课堂案例

天 赐 良 缘 宴

桃运当头（蟹肉鱼翅）

龙飞凤舞（湘城拼盘）

蒸蒸日上（生炊石斑）

灿烂回忆（蒜蓉蒸虾）

莺鸣报喜（杏仁酥鸡）

浪漫时刻（醉菇上汤）

花开富贵（八宝素菜）

子孙满堂（潮州点心）

恩恩爱爱（金瓜芋泥）

直朴式命名也好，隐喻式命名也罢，宴会主题命名与宴会菜品命名方式应统一，即主题命名和菜品命名宜采取同一种命名方式。

  课堂案例

商务宴会——兰亭雅宴

昔日羲之携文人雅士集绍兴兰亭曲水流觞、托物言志、感慨万千，铸就千古奇作《兰亭集序》。今日重现兰亭聚会盛况，"虽世殊事异，所以兴怀，其致一也"。

菜单设计关键词：绍兴、三月初三上巳节、兰亭序。

拟采用中式宴会菜单，分主菜（含冷菜）、汤品、点心、水果、酒水，食材的选择应体现地方和时令特色，每道菜食材不重复，荤素搭配、干湿结合。宜选用展现人文气息的隐喻式命名法，每道菜的名字皆来自《兰亭序》或与王羲之有关的典故传说，名实相符，字数整齐划一。

兰亭雅宴

【主菜】

群英荟萃（刺身拼盘）

书圣鹅肉（白斩鹅肉）

卧冰求鲤（红烧鲤鱼）

周炙牛心（孜然牛心）

入木三分（清炒文武笋）

【汤品】

曲水流觞（江南鱼圆汤）

【点心】

映带左右（清明麻糍立夏团）

【水果】

品类之盛（时令水果）

【酒水】

会稽山酒

（三）确定酒水搭配

1. 酒水与宴会的搭配

（1）酒水的档次应与宴会的档次相一致。宴会用酒应与其规格和档次相协调。如果是高档宴会，则其选用的酒品也应是高档次的。如以前我国举办的许多国宴，往往选用茅台酒，因为茅台被称为我国的"国酒"，其质量和价格在我国白酒中独占鳌头，其身价与国宴相匹配；普通宴会则选用档次一般的酒品。如果不遵循这一原则，在低档宴会上用茅台做伴宴酒，则酒的价格在整桌菜肴之上，往往会抢去菜肴的风采；如果高档宴会选用低档酒品，则会破坏整个宴会的名贵气氛，让人对菜肴的档次产生怀疑。总之，宴会用酒应与宴会档次相匹配。

（2）酒水的来源应与宴会席面的特色相一致。一般来讲，中式宴会往往选用中国酒，西式宴会往往选择外国酒，不同的席面在用酒上也注重与其地域相适合。例如，北京人的席面上常配二锅头，江苏人的宴请常配洋河酒等。

（3）宴会中要慎用高度酒。无论是中式宴会还是西式宴会，对于高度酒的选用一定要谨慎。在中式宴会上，人们以往的习惯是用高度白酒佐餐，但这种方法有很大的害处。因为酒精对味蕾有强烈的刺激性，宴会中饮用高度酒之后就会影响人们对美味佳肴的品味。现在人们已经认识到这个问题，故多以中度、低度白酒来满足宴会用酒的需要。

当然，宴会用酒，首先要遵从主办方的意愿。当客人的意愿与饮酒原则不符的时候，不能片面强调原则。在客人向宴会设计单位征询意见时，把饮酒的原则向客人说明，然后按客人的要求去办。

2. 酒水与菜品的搭配

（1）有助于充分体现菜肴香味等风格。酒水与菜肴的搭配有一定的规律可循，这些规律的形成是人们生活实践摸索的结果。在我国南方，人们比较讲究黄酒的饮用"对口"，元红酒专配鸡鸭菜肴，竹叶青酒专配鱼虾菜肴，加饭酒专配冷菜冷盘，吃蟹时专饮黄酒，而不饮白酒。西方国家有讲究上什么菜饮什么酒的习惯。"白酒配白肉，红酒配红肉"，较清淡的鸡肉、海鲜，配饮淡雅的白葡萄酒，两者交相辉映，互增洁白晶莹

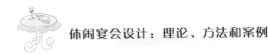

的特色；而厚重的牛羊肉，适宜配饮浓郁的红葡萄酒，相互映衬，更显浓厚、馥郁的风格。酒水与菜肴搭配得好，不仅相得益彰，而且给人身心的享受。

（2）饮用后不抑制人的食欲和人体的消化功能。有些酒品在进餐时不适宜起佐助作用。酒精含量过高的酒品对人体有较大的刺激，如果进餐时过多饮用，会使肝脏来不及消化吸收，从而使肌体产生不同程度的中毒现象，使胃口骤减，对菜品的味感迟钝。有的烈性酒辛辣味过头，使人饮后食不知味，从而喧宾夺主，失去了佐助的作用。因而在进餐过程中品饮高度酒甚至干杯、劝饮、争饮等做法，是不太科学的。另外，配制酒、药酒、鸡尾酒的成分比较复杂，香气和口味往往比较浓烈馥郁，这一类酒在佐食时对菜肴食品的风味和风格的表现有相当的干扰，一般不作为佐助酒品饮用。甜型酒品，单饮时有适口之感，但作为佐助酒品，便显得不太协调。甜味与咸味相互冲突，两味的主要感受部位都集中在舌前段，从而使感觉分析器产生分析混乱，因此也不太适合作佐助饮品。

（3）酒水与菜肴搭配应让客人接受和满意。使客人接受和让客人满意也是一项非常重要的原则，所有的搭配原则最终要遵从客人的意愿，如果客人自行点要的酒品违反了上述原则，或者服务人员向客人推荐的饮品没有得到客人的认同，则应该按照客人的意愿办。

酒品与菜品搭配，如表6.2所示。

表6.2　酒品与菜品搭配

类　型	搭　配　原　则
餐前酒	可选用具有开胃功能的酒品，如味美思、比特酒、鸡尾酒和软饮料
汤类	食用汤类一般不用酒。如需要可配较深色的雪莉葡萄酒或白葡萄酒
头盘	可选用低度、干型的白葡萄酒，如德国摩泽尔白葡萄酒、法国勃艮第白葡萄酒
海鲜	品尝海鲜时宜选用干白葡萄酒、玫瑰露酒，在饮前一般需冷藏
肉、禽、野味	宜选用干红葡萄酒。其中小牛肉、猪肉、鸡肉等白肉最好选用酒精度不太高的干红葡萄酒，而牛肉、羊肉、火鸡等红色、味浓、难以消化的肉类，则选用酒精度较高的干红葡萄酒
奶酪类	一般配较甜的葡萄酒，也可继续使用配主菜的酒品，有时也选用波特酒
甜点类	宜选用甜葡萄酒或起泡酒
餐后酒	用餐完毕，可选用甜食酒、蒸馏酒和力娇酒等酒品。也可选用白兰地、爱尔兰咖啡等

3. 酒水与酒水的搭配

（1）低度酒在先，高度酒在后。

（2）软性酒在先，硬性酒在后。

（3）有汽酒在先，无汽酒在后。

（4）新酒在先，陈酒在后。

（5）淡雅风格的酒在先，浓郁风格的酒在后。

（6）普通酒在先，名贵酒在后。

（7）干冽酒在先，甘甜酒在后。

（8）白葡萄酒在先，红葡萄酒在后。

（9）最好选用统一国家或同一地区的酒作为宴会的用酒。

这是依据先抑后扬的艺术思想设计的，目的在于使多种用酒中的每一种酒都能充分发挥作用。

 课堂案例

彼得美德·蓝色交响夜宴

2014年5月30日，"彼得美德·蓝色交响夜宴"在杭州洲际酒店隆重举行。这是世界上最大的雷司令葡萄酒生产企业——彼得美德在中国的新品发布会。以下为这次宴会的菜单。

Peter Mertes Pheinhessen QBA Dry

彼得美德干白葡萄酒

Peter Mertes Mosel Riesling

彼得美德优质雷司令白葡萄酒

Peter Mertes Church series Riedling Kabinett

彼得美德圣堂系列珍藏雷司令白葡萄酒

Peter Mertes Rheinhessen Eiswein

彼得美德优质冰葡萄酒

CHINESE STARTER

Barbecued duck, shrimp mousse rolled in bacon

中式头盘

烤鸭，虾肉慕斯卷配培根

SALMON

Cured, lavender, potato paricake

三文鱼

腌制，薰衣草、土豆饼

SOLE FISH

Pan-seared, roasted potatoes, artichoke salad

龙利鱼

扒烤土豆，朝鲜蓟沙拉

PANNA COTTA

Mango chutney

意大利果冻

芒果派

宴会中所选用的是彼得美德公司新推出的四款白葡萄酒，为突出白葡萄酒的风味，所选用的菜品均为清新淡雅的禽类和鱼类，而舍弃了味道醇厚的红肉类菜品。酒品的先后顺序遵循了先干后甜、先清新后浓郁、先普通后优质的原则。同时，与每款白葡萄酒搭配的菜品的配料和酱料也十分之讲究，令每一款白葡萄酒自身独特风味发挥得淋漓尽致。

图6.2　彼得美德·蓝色交响夜宴

第三节　休闲宴会菜单外形设计

除内容设计外，外形设计也是休闲宴会菜单设计的重要环节。休闲宴会菜单是设计的产物，是一件艺术品，因此对其造型的独特设计、色彩的应用、材质的选择、图案及饰品的匹配也十分考究。本节将对这些内容进行一一阐述。

一、菜单材质与造型

在菜单材质与造型的选择上应考虑以下内容。

（一）休闲宴会的主题与风格

休闲宴会的主题与风格直接影响到宴会菜单材质与造型的选择。国宴、商务宴等较为正式的宴会宜采用传统的、简洁大方的贺卡式、单页纸造型，一般选用质量较好的卡纸，以体现出正式宴会的端庄大方；亲朋好友之间的便宴则为了衬托轻松独特的氛围，可选用诸如相框（怀旧）、卷轴（仿古）、电子产品（高端前卫）、花果蔬菜（低碳养生）

等造型，材质的选择也较广。

常用菜单材质如下：

纸质、竹片、藤制、绫罗绸缎、金属制、玻璃水晶、花果蔬菜、陶瓷……

常用菜单造型如下：

形状：书签状、书本状、卡纸对折状、奏折、筒式、扇状、风车状……

技法：印刷、手写、雕刻、粘贴、铸模……

（二）顾客的需求与偏好

有时候，顾客的需求与偏好是决定菜单造型和材质的关键因素。在菜单外形的设计中，当顾客的需求与偏好和宴会的主题与风格相冲突时，设计单位着重考虑前者。

（三）菜单的制作成本

宴会菜单通常人手一份，或一桌一份，因此需求量较多，需考虑制作成本及其占整场宴会开销比例。宴会菜单是锦上添花之作，设计得好，能衬托整场宴会气氛，给人以耳目一新之感，在经费和时间充裕的情况下，可多下些功夫，若经费较为紧张，传统菜单也不失为万全之策。

二、色彩搭配

在宴会菜单主色调的选择上可做如下安排。

（1）可选用宴会主色调，以保持整体风格，但菜单无法凸显，适用于经费紧张，未能精心设计外观的菜单。

（2）可选用相邻色调，以增加整场宴会的层次感与立体感。

（3）可选用与主色调互补色调，以吸引顾客注意，装饰点缀宴会，适用于精心设计制作的独特菜单。

通常"宴会名称、菜品名称、重要说明"的字体色调选择与菜单主色调/背景色调相互补，用以突出以上文字。

三、字体、图片及装饰物

（1）字体：醒目分明，字体规范，易于识读，匀称美观。

（2）图片：通常为菜品实物图片或与宴会主题直接联系的重要人物、重要事件的照片。

（3）装饰物：增加菜单美感及艺术感，可用丝带、珍珠、水钻、感应器、花纹、徽章等。

案例赏析

休闲宴会外形设计对比

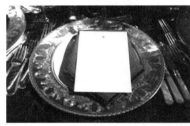

国宴作品

行业作品

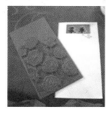

学长学姐作品

篇尾案例

【案例一】中国国宴菜单变迁

冷菜	冷盘	冷盘
黄烧鱼翅	清汤龙须菜	上汤响螺
酥炸梅鹿	三鲜鱼翅	翡翠龙虾
罐焖狗肉	碎米飞龙 油爆虾球	拧汁雪花牛
菜心虾球	烧素三样	北京烤鸭
五彩素烩	雪里藏珍	点心
干烧桂鱼	红果凉糕	水果冰淇淋
生片火锅	点心	咖啡 茶
四川汤元	水果	长城干红2006中国河北
点心 水果		长城干白2011中国河北

| **1984年国宴** | **1985年国宴** | **2014年国宴** |

图 6.3 中国国宴菜单变迁

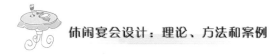
【案例二】荷兰皇室欢迎习近平夫妇晚宴

Terrine of fish and prawns watercress sauce

鱼虾冻配绿豆瓣酱（前菜）

Consommé Celestine

法式教皇清汤（汤）

Argentinian Tournedos with Morel Mushrooms Madeira Sauce

阿根廷腓里牛排与羊肚菌蘑菇配马德拉酱（主菜）

Courgette Stuffed with Mixed Vegetables Dauphinoise Potatoes

西葫芦什锦蔬菜配酥皮焗土豆（配菜）

Chocolate Mousse and Hazelnut Cremeux Crispy Hazelnut

巧克力慕斯、脆榛子配榛子酱（甜点）

图6.4　荷兰皇室欢迎习近平夫妇晚宴

【案例三】美国白宫欢迎安倍夫妇晚宴

Toro Tartare and Caesar Sashimi Salad（沙拉）

Smoked Salmon-Grilled Chicken-Koji

Vegetable Consommé En Croute and Shikai Maki（汤）

Bamboo Shoots-Wailea Hearts of Palm-Pineapple

Tempura Cured Ham

Freeman Chardonnay "Ryo-fu" 2013

American Wagyu Beef Tenderloin（主菜）

Spring Vegetables-Maui Onion Veal Jus

Morlet Pinot Noir "Joli Coeur" 2010

Silken Custard Cake（甜点）

Kuromitsu Sauce-Fresh Fruit-Abekawa Mocha

A Sip of Tea（热饮）

Matcha Strawberry Square-Sencha Tea Cup

Tea and Lemon Cakes-Sweet Tea Chocolates

Iron Horse "Russian River Cuvee" 2007

【问题】通过对比，说说古今中外国宴菜单的异同。

图6.5　美国白宫欢迎安倍夫妇晚宴

第七章 休闲宴会流程设计

开篇案例

浙商开元婚宴出菜秀演绎全新开元关怀

"拓宽浙商情怀,加深开元关怀"。这是浙商开元名都大酒店自开业以来就坚持践行的人文管理方针与个性服务理念,深受消费者信赖。为能更好地服务地方、回馈顾客,浙商开元近期又推出了一个领结型男与旗袍美女的视觉盛宴,刻绘着文化与美食相融的传奇,演绎着阳刚与温婉交织的风情。

据悉,这场别开生面的视觉盛宴专门是为婚宴服务,为新人增加华贵气场的。这便是浙商开元婚宴出菜秀。出菜秀对于五星级酒店并不陌生,甚至还是高星级酒店的"经营老招数",但能够将传统的老招数结合创新理念谱写经典新篇章,采用表演艺术手法传播美食文化,以企业文化将婚宴氛围推向高潮,除了独到的见解之外,与浙商开元人的用心服务和真情关怀是分不开的。

婚宴出菜秀,不是一个简单的首菜秀。它是浙商开元不断研究和完善专业化服务过程中涌现和产生的一种崭新的服务方式,也是立志为顾客提供个性化服务的具体体现。婚宴出菜秀,更不是一个噱头秀。它是传递浙商情怀的开元关怀活动,是浙商开

图7.1 开元婚宴出菜秀

元对新人和嘉宾表达的最大诚意和祝福的情感纽带，是一门独特的服务艺术。在激荡的音乐声中，五彩缤纷的光芒洒落在婚宴大厅的中央，金碧辉煌的婚礼T台上，LED屏的视听冲击下，型男靓女为新人渲染着雍容华贵的气场。

典雅的长旗袍，恰到好处的分叉，娇滴恬静的仪态，演绎着古今融合的风韵，在一段段凹凸有致的线条中流露出惊艳的韶华。

在位于临平迎宾路535号的浙商开元名都大酒店，在层高7米的千平无柱浙商厅，秀中的型男靓女不是职业模特，却透着一股T台的专业精神；现场的音乐灯光不是演唱会的现场，却沸腾着明星亲临的热烈。魅力四射的浙商开元婚宴出菜秀，是一个让新人惊艳全场的个性婚宴出菜秀。它正在引领着杭州临平及周边的婚宴新潮流，以人本主义演绎着全新的开元关怀。

【问题】什么是出菜秀？它是休闲宴会的一种服务方式还是服务艺术？如何设计休闲宴会的出菜秀？

休闲宴会流程设计主要包括宴会活动程序设计、宴会服务程序设计。

第一节　休闲宴会活动程序设计

休闲宴会多有时间限制，大部分在2小时左右，有时还在宴会中穿插一些活动，如致辞、祝酒、赠物、表演等。致辞一般不宜太长，1—5分钟左右为宜，特殊情况下，也可将主、宾致辞分开进行，主人的欢迎词安排在食冷盘前，主宾的答谢词安排在头菜食用一半后，或所有的热菜上完后；祝酒在致辞后随即进行；赠物一般安排在宴会开始之前，在会客厅或休息厅进行；表演安排在大菜上席的间隔进行，以形成宴会高潮。

一、休闲宴会活动类型

休闲宴会根据需要会在席间设计一些表演和娱乐活动，当前的娱乐形式丰富多彩，有书法、绘画、杂技、歌舞、歌咏、民间斗技等。设计娱乐活动时需预先考虑好场地、时间、人员、操作难易程度等因素。同时还要注意活动与休闲宴会主题的相关性，要注意健康性，切忌庸俗，应遵循效益原则。如杭州酒家在2005年由胡宗英大师设计的"乾隆御宴"，席间设计了"乾隆皇帝"致祝酒词和敬酒的环节，还设计了乐队演奏，清代"宫廷舞女"翩翩起舞等活动。让宾客恍若置身于清代宫廷，与乾隆共饮，故宾客称杭州酒家的"乾隆御宴"让他们口福、眼福双丰收。

（一）文艺演出

休闲宴会中的文艺演出，是根据宴会宾客的需要，邀请社会上或在当地有一定知名度的演艺人员来进行文艺表演。表演的节目可以丰富多彩，如地方戏、小品、相声、快板、演唱、评书等。唱歌是中国民间最常见的一种宴饮娱乐方式，宴会中可以配备小型的乐队伴奏，演唱时可以伴舞。

（二）时装表演

休闲宴会中的时装表演，一般是因地制宜，在地板上铺上地毯就可表演，以欣赏性为主，主要的目的是为烘托气氛。

（三）音乐演奏

怎样选择和安排宴会音乐演奏呢？第一，音乐选择要与休闲宴会主题相一致；第二，音乐选择要满足客人生理舒适的需要；第三，音乐选择要符合客人的欣赏水平；第四，音乐选择要与宴饮环境相协调。

休闲宴会中的音乐演奏，包括轻音乐、爵士乐、西洋古典音乐和中国民乐等。轻音乐起源于轻歌剧，结构短小、轻松活泼、旋律优美并通俗易懂，富有生活气息，易于接受，它能创造出一种轻松明快、喜气洋洋的气氛。

爵士乐具有即兴创作的音乐风格，表现出顽强的生命力，给人以振奋向上的感觉。爵士乐常由萨克斯管手配合小型乐队演奏。这种较为强烈的音乐常常适合于在露天花园式宴会或游船宴会中演奏，它能激发赴宴客人的情感，创造出兴奋感人的场面。

采用小提琴、钢琴等演奏的古典音乐能够创造浪漫迷人的情调，给人以诸多的精神享受。这种音乐比较适合于赴宴宾客文化修养和艺术素质较高的宴会场合。

（四）自娱性舞蹈

自娱性舞蹈形式大多是客人中有特长者所做的助兴表演。主要是交际舞，如三步舞、四步舞、探戈舞等。这种舞蹈的表演就是客人在宴会厅中设置的舞池内自由舞蹈，以利于赴宴的客人相互认识和了解。有些酒店或餐馆的服务人员也自编、自演舞蹈节目，在演会厅内小型舞台上表演。南京秦淮河畔的秦淮人家酒店，每场宴会都有本店服务员表演的具有吴越文化特色的歌舞节目，以此娱乐助兴并招徕客人。

（五）表演性舞蹈形式

表演性舞蹈多为专业性的大型舞蹈，主要有爵士舞、现代舞、踢踏舞等。表演性舞蹈是由宴会部或宴会主办单位邀请的舞蹈专业人员在专用舞台上进行助兴表演的形式。这种形式比较适合于人数较多的大型休闲宴会。宴会表演的舞蹈以现代舞居多，这种舞具有占用舞台面积小、对布景道具讲求甚少、形式自由奔放等优点，给客人带来强烈的艺术生活享受。

休闲宴会表演舞蹈的安排，要根据休闲宴会的主题和宴会厅的场地来进行。节目编排、灯光音响、舞蹈设计等都是经过精心组织和排练的。只有选择与宴会场地主题相协调，并能为赴宴客人接受的舞蹈，才能产生预期的效果。北京的国际艺苑皇冠假日饭店举办了很多大型歌舞表演，如《华夏神韵》等，报纸、电视、广播等媒体争相报道。这就无形中提高了饭店的知名度。

（六）出菜秀

"出菜秀"既是休闲宴会的一种服务礼仪方式，又是一种席间表演方式，在南方的一些城市和台湾地区十分流行。改变传统呆板的上菜方式，通过出菜表演，将第一道菜以特别的方式送到每一个餐桌，配合声、光、电等舞台效果加以烘托，使宴会气氛更加热烈，令上菜形成一种艺术特色。出菜秀是宴会提供者不断研究和完善专业化服务过程中涌现和产生的一种崭新的服务方式，也是立志为顾客提供个性化服务的具体体现。

如英国女王伊丽莎白二世在1986年访问中国时，广东省政府在白天鹅宾馆举行大型的欢迎宴会，其中一道菜是"金红化皮乳猪"，上菜时，由"侍女"手提宫灯在前引导，后跟着唐装服饰的两轿夫抬着装有"金红化皮乳猪"的轿子，后面由服务员托乳猪进场的服务方式，令外国宾客大为惊叹，收到了非常好的效果。

安徽六安南山兴茂大酒店以"汉代出菜秀"作为宴会市场的亮点，受到了消费者的热捧。为此，南山兴茂大酒店前期进行了服装制作、舞蹈编排、汉代音乐确定、装饰物品采购等一系列文化辅助项目的落实。2013年7月18日，南山兴茂大酒店承接了50桌的乔迁宴席，当汉代风格的音乐响起，身穿汉代贵族服饰的女服务员在宴会厅舞台上开始表演汉代宫廷舞蹈，身穿仕女服的服务员手提宫灯从宴会厅正门进入，手提汉代食盒，绕场一周后在舞台上两边集合站立，展示服饰及食盒，音乐进入，钟、鼓齐鸣，服务员缓步前往主宾席，将食盒中菜肴送上，随即客户报以热烈的掌声，汉代饮食文化在这里得到了充分展现。

在杭州开元名都宴会厅，伴着悠扬的江南古典轻音乐，全场熄灯，10名身穿素雅旗袍的服务人员手托头道大菜和点点烛光，列队缓缓步入宴会中央，以颇具艺术观赏性的表演向全场嘉宾展示菜品菜肴，宴会在音乐、服装、烟雾、灯光等搭配的场景气氛中，达到震撼效果，成为宴会的一道亮丽的风景线（图7.2、图7.3）。

图7.2　杭州开元名都大酒店
休闲商务宴会中的出菜秀（一）

图7.3　杭州开元名都大酒店
休闲商务宴会中的出菜秀（二）

二、休闲宴会活动程序设计

（一）休闲婚宴

1. 一般结婚喜宴活动程序

（1）新郎、新娘（有婚纱），男、女傧相及童男、童女在饭店门外或大堂迎宾进场入席。

（2）来宾到齐后，结婚典礼开始（一般中午12点、晚上6点）。

（3）男、女傧相引新郎、新娘进场，奏《结婚进行曲》。

（4）介绍新郎、新娘背景资料及相识过程，播放背景音乐。

（5）证婚人宣读结婚证书或讲话。

（6）介绍人致辞。

（7）来宾或各级领导上台作简短的贺词。

（8）新郎、新娘父母致谢词。

（9）新郎、新娘谢父母一鞠躬。

（10）新郎、新娘行结婚礼，相对立三鞠躬。

（11）新郎、新娘谢来宾一鞠躬。

（12）新郎、新娘交换信物（服务员托盘将结婚戒指送上台，新郎、新娘互相佩戴）。

（13）新郎、新娘切蛋糕仪式，灯光暗，仅留舞台聚光灯。

（14）新郎、新娘倒香槟酒（预先用香槟酒杯搭成香槟台）。

（15）新郎、新娘喝交杯酒。

（16）来宾共同祝福干杯。

（17）男、女傧相引新郎、新娘入主桌用餐。

2. 中式婚礼活动程序

传统的中式婚礼以古朴、礼节周全、喜庆、热烈的张扬气氛而受到人们的喜爱。现在越来越多的人愿意返璞归真，来尝试一次传统的中式婚礼。现在我们也很时髦地将传统婚礼和现代婚礼结合起来。

（1）花轿迎亲。

① 花轿起程。唢呐、舞狮的伴随下，花轿开始起程。

② 新娘入轿。新娘应该被兄弟（或表兄弟）背出来送上轿子。

③ 颤花轿。花轿的路程目前只是走走形式，除非两家特别近。

新娘蒙红盖头，在伴娘的伴随下，由新郎手持的大红绸牵着，慢慢地登上花车，到达花轿位置后，新人改乘花轿。

④ 新娘下花轿。媒人（或伴娘）掀开轿帘，新娘在媒人（或伴娘）的搀扶下走出花轿。

（2）婚礼开场。

① 由司仪致开场白（中式贺词）。

② 渲染喜庆气氛感谢来宾（中式贺词）。

③ 请高堂。

④ 请出双方父母上台入座（由 DJ 放音乐）。

⑤ 请新郎。新郎上台站定台中（由 DJ 放音乐）。

⑥ 迎新娘传席。由 DJ 放中式喜庆音乐。中式酒店婚礼宴厅门口悬挂门帘，媒人或伴娘掀开门帘，新娘入场，所谓传席也就是铺在地上的红毯，寓意着传宗接代（如无花轿接送，门口悬挂的门帘也可代替轿帘）。

（3）传统项目。

① 跨火盆。新娘在媒人（或伴娘）的搀扶下跨火盆，征兆新人婚后红红火火。

② 射红箭。新郎接过伴郎递上的弓箭，拉弓射出 3 支红箭。第一箭射向天，"天赐良缘合家欢"；第二箭射向地，"天长地久人如意"；第三箭射向远方，"生活美满爱久长"。

③ 跨马鞍。新娘在媒人（或伴娘）的搀扶下跨过马鞍，征兆新人婚后合家平安。

④ 牵红球。新娘在媒人（或伴娘）的搀扶下走上台，伴郎送上红球，新郎新娘各牵红球一端站于台中。

（4）拜堂成亲。

① 致证婚词。司仪致辞并介绍证婚人，证婚人致证婚词。

② 拜堂。一对新人各拉红球一端正式拜堂。

（"一拜天地向来宾鞠躬，二拜高堂向父母鞠躬，夫妻对拜……"）

③ 挑喜帕。伴郎送上如意秤杆，然后由新郎用条红布装饰的如意秤杆挑开新娘头上的喜帕（从此称心如意）。

④ 敬茶。如意秤杆沏好的茶，新人向双方高堂敬茶（进改口茶）。

⑤ 喝交杯酒。

⑥ 高堂致辞。请双方父母代表致辞。

⑦ 传递香火，点喜烛。新郎新娘的母亲共同点亮喜烛（从此子孙满堂），双方高堂入席。

⑧ 吃子孙饽饽、长寿面。伴郎将一碗子孙饽饽和一碗长寿面端上。"筷子筷子，快生贵子！"新娘刚动两下筷子，就有人大喊："生不生？"新娘笑着回答："生！"

⑨ 合卺酒（交杯酒）。伴郎送上斟满的酒杯，新人喝合卺酒，从此恩恩爱爱，白头偕老。

⑩ 送入洞房。

⑪ 新人进行最后一道仪式："送神"。两人从供桌上取下一套纸钱，放进炭火盆焚烧。之后，婚礼仪式结束。

⑫ 新人拥入洞房。新人退场，换礼服，后入席用餐，准备敬酒。

⑬ 即兴演艺或游戏（可有可无）。

（5）宴会结束，新人送客。

3. 西式婚礼

西式婚礼采用休闲宴会的形式越来越受到新人们的喜爱，常见的西式婚礼宴会流程一般分为婚礼仪式和婚宴两部分。先举行婚礼，仪式结束之后宾客会移驾到宴会厅举行宴会。西式婚礼仪式大多是邀请亲友见证，宴会则是邀请更广泛的亲友。

西式婚礼仪式流程如下。

（1）司仪致开场白引出新人，新人进场。由DJ放婚礼进行曲。由两位花童将新人带入场内，步伐稳定、缓慢（花童一男一女，花童分别手持小捧花和戒枕）。伴郎、伴娘跟在新人身后。花亭两旁由未婚青年放礼宾花及撒掷鲜花花撒。新人走至台上（花童、伴郎、伴娘站在台下，男花童将戒枕交于伴娘，并与女花童入席），新人"站定"向来宾鞠躬（大幅度、缓慢地）。婚礼进行曲止。

（2）司仪致辞并介绍证婚人，证婚人致证婚词。

（3）交换戒指并亲吻新娘。由伴娘手托戒枕走到台上，站在两位新人的身后。从中间托出戒枕，先由新郎从戒枕上取出戒指给新娘带在无名指上，再由新娘取出戒指给新郎带在无名指上；新郎拥吻新娘；（伴娘退到台下）新郎、新娘交换好戒指，向上弯曲手臂成90度，手背向外，向来宾展示新婚钻戒（时间5秒钟）。

（4）新人给双方父母献花。伴郎、伴娘分别手持一束鲜花跟着新郎、新娘来到双方父母身边，由新郎将鲜花献给新娘的父母并鞠躬。新娘将鲜花献给新郎的父母并鞠躬。新人返回台上。

（5）由司仪引出双方父母代表上台致辞。

（6）切蛋糕。新人到蛋糕台前共持蛋糕刀依次由下往上切婚礼蛋糕。

（7）倒香槟。由服务员开启香槟酒交给新郎手中。由新郎主拿香槟酒，新娘虚托香槟酒共同注入香槟酒塔。新人举起酒杯喝交杯酒，司仪主持全场起立共同举杯（干杯）。

（8）烛光仪式。新郎、新娘缓慢进入会场，两旁立亭焰火燃放烘托烛光气氛。新人走至舞台上取点火器，在已点燃大烛台的小蜡烛上引燃，下场依次点燃每桌烛台上的蜡烛。上台点燃象征着美好爱情的焰火主烛（烛光仪式完毕）。

（9）新人代表致答谢词。

（10）（背景音乐）司仪宣布仪式结束，大家移位到宴会厅，宴会开始。

（二）商务休闲宴会流程

（1）司仪致开场白、欢迎词与祝福语，以及领导讲话。

（2）开始吃饭，其间请乐师进行钢琴、小提琴等演奏。

（3）艺术团进行歌舞表演。

（4）互动节目环节并领取纪念品，宴会结束。

休闲商务宴会流程案例

1. 序篇——激光舞开场

跳跃的激光束、舞动的主旋律，为到场来宾带来耳目一新的开场演出。

（1）相识起初——企业宣传片。

激光舞蹈最后利用光电效果引出接下来的企业宣传视频，振奋来宾的情绪；

接下来，企业领导致晚宴欢迎词，并简介企业，特邀尊贵嘉宾做演讲。

（2）相识发展——小提琴演奏。

动感的旋律响起，调动现场气氛。

公司发展规划介绍，与电子小提琴结合。

演讲者利用大屏幕PPT和三维相册，结合产品发展规划市场，分"畅想启程""国内展望""赢在世界"三个篇章演讲，每个篇章配合不同的电子小提琴演奏曲目。

（3）相约美酒——花式调酒。

花式调酒起源于美国，现风靡于世界各地，其特点是在以前呆板的英式调酒过程中加入一些花样的调酒动作以及魔幻般的互动游戏，活跃现场气氛的同时提高娱乐性并与来宾有更多的互动。

利用"火"的元素，寓意"伙伴"，全国各地客户因××集团相聚在一起。

调制出第一杯端给企业的领导，由领导提议举杯畅饮，晚宴正式开始！

2. 分享"喜悦"——晚宴抽奖

奖项设置：利用LED屏电子抽奖。

3. 分享"荣耀"——优秀员工表彰

荣耀之星颁奖台。

将颁奖台设置为阶梯状，形似"三"字，既寄寓"步步高"之意，又有荣耀、辉煌的礼遇。

4. 共赢炫彩——桑巴舞、川剧变脸

共赢炫彩——员工表演（各部门穿插）。

5. 共赢未来——互动游戏

6. 尾声——乐队伴奏

主持人致晚宴结束语，乐队现场伴奏，营造晚宴的完美尾声。

（三）生日休闲宴会流程

生日宴会即以生日为主题的一种宴会形式。生日宴会分为三类：百天（周岁、满月）宴会、老人寿宴、生日聚会。

1. 生日聚会休闲宴会流程

（1）播放成长照片。

（2）主持人开场。

（3）寿星父母发言。

（4）寿星发言（酒店可送寿星小礼物）。

（5）小朋友游戏。

（6）切蛋糕。

（7）敬酒，穿插亲友唱歌。

（8）欢送嘉宾。

 扩展阅读

生日聚会休闲宴会流程案例一

1. 主持人开场

各位来宾，各位朋友，大家好！今天我们欢聚在这里，共同庆祝××十六岁的生日，首先我代表××的父母以及××对大家的光临表示衷心的感谢！

2. 请父母亲讲话

十六年前的今天，伴随着一声响亮的啼哭，××父亲、母亲怀着喜悦的心情，迎来了他们爱情的结晶，时光飞逝，日月如梭，而今，××从当初的婴儿成长为今天潇洒帅气的英俊少年。这期间他的父母付出了许多的心血，此时此刻，我想他们一定有好多话要对我们的小寿星讲，下面，有请××的父亲××先生、母亲××女士讲话。

是的，望子成龙是天下父母共同的心愿，我们的××没有辜负父母的期望，成为一名品学兼优的好学生。在学校老师同学的心中也留下很好的印象，今天，××的同学也为他送来了他们最真挚的祝福，下面，有请同学代表。

3. 生日歌响起，几位同学在两位迎宾的带领下，推着点燃蜡烛的生日蛋糕，缓缓进入宴会的现场（灯光暗）

司仪旁白：在这温馨的一天，在这美丽的夜晚，在这欢乐的时刻，在这跳动的烛光间，带着诚挚的祝福与浓浓的情意向我们的寿星××道一声生日快乐，愿我们的寿星在今后的学业中能够拥有诗人的眼光、画家的情感、政治家的远见、外交家的口才、运动员的体质以及明星的风采。

4. 蛋糕推到寿星的面前，由同学代表送上祝福的花，同时送上祝福的话

5. 寿星许愿

朴实的话流露出同学们真挚的心，下面有请我们的寿星在这跳动的烛光前许下他美好的愿望。

6. 有请寿星讲话

7. 吹蜡烛、切蛋糕

司仪旁白：××已经通过自己的努力迈开了他扎实的第一步，我们相信在今后的学习、工作、生活中，他一定能成为一个自尊、自爱、自立、自强的男子汉！让我们再次把祝愿化成掌声送给××，祝福他生日快乐、学习进步、身体健康、前程似锦（音乐可以剪切《真心英雄》里"把握生命里的每一分钟……"的那段，也可以采用《365个祝福》）！

 扩展阅读

生日聚会休闲宴会流程案例二

1. 18:00

屏播循环放生日主人与家人在一起的照片（区别于成长相册），所选音乐欢快。加注祝福××二十岁生日快乐字样。

主持人：××的二十岁生日晚宴即将开始，现在大屏幕播放的是××一家的幸福画面，让我们共同欣赏并幸福期待。

2. 18:18

主持人：记录欢歌笑语，感恩成长点滴；点燃生命烛火，许下心灵期许。××二十岁生日宴会现在开始。

磅礴大气的音乐，主人公艺术照展示、配合灯光，短片最后显示"一路欢笑＋感恩无限＋快乐成长＋祈福明天＋××二十岁生日庆典隆重启幕"。时间1分钟。

3. 幕后开场

主持人：细数光阴二十年，总有感动在心间。尊敬的各位来宾，各位亲友，欢迎各位光临××小姑娘二十岁的生日宴会。二十岁是人生一个重要的里程碑，因为二十岁之前我们躲在父母家人的怀抱里，而二十岁之后，我们需要完全承担起家庭与社会的责任；二十岁之前，我们可以任性撒娇，二十岁之后我们更需要宽容与理解。时间给了一个人成长，父母给了一个孩子所有的爱，让我们在光影流动的瞬间，找寻那些温暖记忆。

（播放MV6分钟）

4. 花季如歌

主持人：二十年，一个襁褓中的婴儿已经走过了孩提时光，走进了如花的季节。都说花季如歌，晶莹别透，温婉动人。让我们一起聆听。

××唱歌登场。

5. 亲友登场鲜花，快乐拥抱祝福

主持人：亲情的环绕，友情的祝愿，爱情的温暖。让这个女孩笑颜如花。掌声为她二十岁生日送上祝愿。

6. 幸福手印

主持人：二十岁的××，秀美中带着羞涩，柔弱中带着刚强。现在，让我们共同见证她为自己留下二十岁的青春印记。

生日主人公在手印泥上印下自己二十岁的成长手印，并展示给来宾。

7. 生日主人公手捧鲜花讲话

主持人：留下青春的印记，回想成长的光阴。她的心中充满无限感恩。让我们一起聆听（准备几束鲜花送给父母等重要的人）。

8. 烛光心语、祈福明天

主持人：烛影摇红、声声感恩。这位美丽的小姑娘今天用她的方式表达了各位亲友在她成长过程中的帮助。同时，我们也用我们的方式表达对她的一份祝福，让我们的寿星闭上眼睛。请现场所有嘉宾为寿星点亮生日的烛光，让所有祝福为她幸福摇曳。全场所有来宾的烛光为寿星点亮。

寿星睁开眼睛。看到幸福的烛火摇曳。

主持人：××，此刻所有的烛光为你摇曳，所有的祝福将你包围，我们恭祝你生日快乐，永远幸福。看，可爱的弟弟妹妹们为你送来了生日的喜悦。

9. 生日蜡烛进场

4位小朋友捧蜡烛进场。3个小弟弟，再加一个小朋友。

10. 将蜡烛放在生日台上，一起许下美好的心愿

主持人：××，请许下一个愿望，然后吹灭生日蜡烛。让我们所有嘉宾为她共唱生日快乐歌（主持人带头唱）。

2. 休闲寿宴流程

（1）主持人开场，介绍寿星的人生历程。

（2）晚辈列队，祝福寿星。

（3）拜寿仪式：主持人引导每批有三拜。

（4）子女（女婿）献祝词，拜寿。

（5）孙儿献祝词，拜寿。

（6）切蛋糕仪式。

（7）照全家福（照完后请老寿星谈谈感想）。

（8）老寿星回赠祝愿词。

（9）结束语暨寿宴开始（酒店可为其送上寿面）。

 扩展阅读

寿宴流程案例

1. 寿宴仪式序曲音乐：鞭炮声音

尊敬的老寿星爷爷，以及亲爱的亲朋好友，大家晚上好！

春秋迭易，岁月轮回，九十年前的今天，随着一声啼哭，一位可爱的婴儿出生

了……九十年以后的今天，我们欢聚在这里，在这祥和欢乐的时刻，我怀着对老人的一片真诚祝福心情，代表大家祝福楚老寿比南山，福如东海，健康长寿。同时，也请允许我代表老寿星及其家属，向在座的各位致以最热烈的欢迎和衷心的感谢（掌声）！

都说"人生七十古来稀"，如今，楚老走过了九十个年头，风风雨雨九十年，阅尽人间沧桑，他一生中积累的最大财富是他那勤劳善良的朴素品格，他那宽厚待人的处世之道，九十年风风雨雨，九十载生活沧桑。岁月的泪痕悄悄地爬上了他的额头，将老人家的双鬓染成白霜。大千世界里，亲人们把心中的话语都洒向老人那宽厚慈爱的胸膛。

2. 晚辈列队，祝福寿星音乐：三只小熊

在他的精心操劳与呵护下，儿女们都已经成家立业，尽享幸福与欢乐，孙儿们的事业也一顺百顺，财源广进，他们都为老人赢得了无上的荣光。现如今老寿星一家是全家合欢，正可谓爱人亲，儿女孝，女婿贤，孙女强（正在上场排队型）。这正是：人丁兴旺，真的是家和万事兴呀。看着你们其乐融融的一家人，都这么开心、这么精神，老寿星有孝顺的儿女相伴左右，我们每一位亲朋都为之感动（有家人代表献捧花）！

让我们一起说一声，"您辛苦了"，恭祝老寿星，福如东海，日月昌明，松鹤长春，春秋不老，古稀重新，欢乐远长！在这里我谨代表所有的嘉宾，祝愿老人家增福增寿增富贵，添光添彩添吉祥。

爷爷今天是非常的高兴，他说今天大家都来了，真是很热闹，最开心的是在外地工作的儿女们都赶回来了！

介绍家人。

3. 献祝词，拜寿仪式音乐：丰硕的早晨

现在请各位面向寿星，看看你们亲爱的爸爸妈妈爷爷奶奶、外公外婆，他们的头发上已有了白雪的痕迹，脸上有了岁月的风霜，为了家族的延续和繁荣，他们饱经沧桑为的是要在风雨中为你们支撑起一片蓝天！现在就让我们怀着对老人家的感激之情，用深深的拜礼来表达我们的感恩之心。

好友献祝词，拜寿仪式：一拜，祝老寿星福如东海、寿比南山；二拜，祝老寿星日月昌明、松鹤长春；三拜，祝老寿星笑口常开、天伦永享。

子女（女婿）献祝词，拜寿仪式：一拜，祝老寿星身体健康、长命百岁；二拜，祝老寿星万事如意、晚年幸福；三拜，祝老寿星生日快乐、后福无疆。

孙儿献祝词，拜寿仪式：一拜，祝老寿星吉祥如意、富贵安康；二拜，祝老寿星事事顺心、幸福长伴；三拜，祝老寿星笑口常开、身体安康。

曾孙儿献祝词，拜寿仪式：一拜，祝老寿星寿比天高、福比海深；二拜，祝老寿星日月同辉、春秋不老；三拜，祝老寿星生日快乐、福星高照。

第一拜：如黄金，祝寿星生日快乐，岁月镏金；第二拜：如白银，祝寿星身体健康笑盈盈；第三拜：如珍珠，祝寿星多福多寿全家福。我们看到寿星和他的老伴眼里已是幸福的泪花！

朋友们，让我们把掌声送给寿星孝顺的家人吧！

（请老寿星的女儿、女婿为寿星、外婆献茶）

4. 送蛋糕仪式音乐：祝你生日快乐

我们寿星孝顺的儿孙们给亲爱的爸爸妈妈、爷爷奶奶们准备了美味可口的蛋糕（蛋糕上场），让我们以热烈的掌声有请到场的孙子、孙女们每人手持一只红烛并点燃，甜美的蛋糕象征了香醇深厚的亲情，温馨灿烂的烛光温暖了我们的心，在这里衷心地祝愿寿星生日快乐，福禄寿三星高照，大吉大利，祝君平安！所有的孩子、朋友们，让我们一起共同唱起那首经典美妙的歌曲，齐唱《生日快乐歌》。祝寿星生日快乐！

5. 全家许愿音乐：祈祷

现在请我们的寿星和老伴以及每一位亲朋，大家手牵着手围成一个圈，一起在烛光中许愿，我们的寿星是福星高照，让我们将许下的美好愿望乘着歌声的翅膀，飞向远方！

6. 分享甜蜜音乐：初雪

好了，现在有请老寿星吹灭生日蜡烛，现在请寿星把蛋糕象征性地分给各位来宾，让大家一起享受这生日的快乐！

这正是喜看亲朋站堂前，只愿家风代代传。让我们一起点燃生日蜡烛，唱起生日歌，共同祝愿老寿星增富增寿增富贵，添光添彩添吉祥。一家人欢聚一堂，共享天伦之乐，共创美好未来。

7. 照全家福音乐：巴比伦河

请摄像师为老寿星全家照张全家福（照完后请老寿星谈谈感想）。

8. 老寿星回赠祝愿词音乐：浪漫音乐

9. 结束语暨寿宴开始音乐：祝福你

百善孝为先，尊敬老人是我们中华民族五千年文化的传统美德，孝敬老人是我们义不容辞的责任。亲情的爱是伟大的，也是无私的，她沉沁于万物之中，充盈于天地之间。

亲情的爱像一首田园诗，纯净悠远，温暖绵长，莺归燕去，春去秋来，容颜渐老，白发似雪。如今，儿孙们都事业有成了，亲爱的朋友们，在鲜花和掌声中，在这里，我也再一次地代表楚老感谢各位的光临，在楚老百岁的时候，我们再相聚！同时也祝愿在场的每一位来宾都幸福安康！最后祝各位来宾万事如意，心想事成，让我们共同度过这美好的时光。

我们楚爷爷九十大寿庆典就暂告一段落了，有请老寿星起驾入席，同大家共进寿宴。诚望诸位：金樽满豪情，玉箸擎日月，开怀且畅饮，共享天伦乐！主持人龙飞，谢谢大家！《好日子》，举杯同庆，庆祝大典，香槟开启，礼花纷飞，典礼结束！

下面我宣布寿宴正式开始！

子女分别携各自的子女与老寿星合影留念！

3.周岁宴流程

（1）主持人上场开场白（介绍活动主题、父母及家人）。

（2）主持人介绍宝宝（视频短片同步直播成长过程）。

（3）宝宝在米奇的陪伴和其他小朋友的簇拥下入场。

（4）父母上台代表主人向宾客问候、致谢，表达对宝宝的祝福。

（5）开荤仪式：民间流传宝宝开荤后寓示着宝宝在今后的日子里吃穿不愁、富贵吉祥。

（6）抓周。

（7）点燃生日蜡烛、大家共同唱响生日快乐歌。

（8）开席。

（9）文艺表演/游戏/有奖问答。宝宝父母配合发奖。

4.谢师宴流程

（1）主持人开场。首先由主持人上场向大家说明举办此次升学宴的目的和意义，再简单介绍一下主人公。

（2）主人公上场。因主人公十几年的学习生活与古人十年寒窗苦读很相似，所以，主人公将要以模仿古人读书的样子慢慢踱步上场，并且背诵古诗，有趣生动地展现一下学生们的学习生活。而且，到场的同学们也会配合主人公以同样的方式上场，从而达到烘托氛围的效果。

（3）播放视频。在主人公上场以后，主持人将会和主人公谈一谈她曾经学习时的情景，并且由此引出视频。视频播放的内容即是主人公高中时期学习生活的各种画面，再现主人公曾经充满酸甜苦辣的日子。

（4）展示成果。视频播放结束后，主人公将会向在座的亲朋好友展示这十几年来最大的成果——大学录取通知书。在场的亲朋好友们也将会表达热烈的祝贺。

（5）感谢老师。本次的升学宴将会请来主人公高中时期的班主任老师。老师对于学生的成功给予了很大的帮助，所以，在当天，主人公会用一种古人感谢师长的特别的方式——送腊肠，来表达对老师感谢。

（6）感谢父母。父母是孩子取得成功的最大功臣，孩子的一切都离不开父母的培养。所以，主人公将会用跪拜礼的形式来感谢父母，表达对父母深深的感谢之情。

（7）播放视频。视频将展示的是主人公与她的同学们曾经的美好快乐生活。并且以播放视频的形式引出同学的到来。

（8）同学上场。每个同学上场时都会唱一段祝福的歌送给主人公，表达对主人公美好未来的祝福。

（9）宣誓。在这里宣誓是为了在亲朋好友、父母老师的见证下，说出自己对未来、对自己的要求，让自己不忘过去的辛苦、周围人的帮助与关怀，不要忘记自己的梦想，一直坚持下去。

第二节 休闲宴会服务程序设计

一般根据休闲宴会的特点、规格、菜式品种、宴请对象、宴请的进程综合考虑,大型宴会需制定服务程序细则,一般宴会则由服务人员按服务规范或具体情况灵活掌握。整个休闲宴会程序构思设计完成后,可以制成表格,与餐单进度表张贴在一起。

休闲宴会服务程序设计包括客人到来时的迎接、客人进入餐厅的引导服务、拉椅上座、宴前茶水和饮料服务(如西餐休闲宴会的餐前鸡尾酒)、开宴中的上菜斟酒、派菜服务、席间活动等。

一、中式休闲宴会服务规范设计

(一)中式休闲宴会上菜服务

1. 上菜准备

上菜,就是由宴会厅服务员将厨房烹制好的菜点按一定的程序端送上桌的服务方式。上菜准备工作有:检查上菜工具的清洁和准备情况,熟悉菜单、菜名,了解上菜顺序及数量;菜品烹制经打荷点缀后,送菜员要仔细核对台号、品名和分量,避免上错菜。

2. 上菜位置

上菜位置俗称"上菜口"。

上菜位置选在陪同与翻译人员之间,或副主人右侧,有利于翻译或副主人向客人介绍菜肴名称、口味特点、典故和食用方法。严禁从主人与主宾之间或来宾之间上菜。

3. 上菜时机

(1)冷菜。开宴前15分钟先将冷盘端上餐桌。团体包餐进餐时间较短,因此要在进餐前摆好冷盘及酒水饮料,待客人入座后快速将热菜、汤、点心全部送上。

(2)热菜。

① 把握好第一道热菜的上菜时间。当冷盘吃到一半时(约10—15分钟后)开始上第一道热菜,或主动询问客人是否"起菜",待得到确认后通知厨房及时烹制。

② 其他热菜上菜时机要随客人用餐速度及热菜道数统一考虑、灵活确定。

③ 大型休闲宴会上菜应以主桌为准,先上主桌,再按桌号依次上菜,绝不可颠倒主次。

④ 上完最后一道菜时要轻声地告诉副主人"菜已上齐",并询问是否还需要加菜或其他帮助,以提醒客人注意掌握宴会的结束时间。

4. 上菜节奏

(1)速度:先快后慢。根据客人进餐情况控制出菜、上菜速度。宴会经理统一安排,随时与厨房保持联系,以免早上、迟上、错上、漏上,或造成各桌进餐速度不一致的现象，影响宴会效果。太快会显得仓促忙乱，客人享受不到品尝的乐趣；太慢可能使菜点出现中断，造成尴尬局面。宴会开始之初，上菜速度一般可快一些；当席面上有了四五道菜之后，则可放慢上菜速度，否则会出现盘上叠盘的现象。

（2）要求：符合客情。根据菜肴道数和客人就餐速度来确定每道菜上菜的间隔时间，一般为10分钟左右。如宾主需要加快速度或延缓时间时，应及时通知厨房，作出相应调整。

上新菜之前，前一道菜肴尚未吃完而下道菜已经送达，或是转盘上已摆满几道大盘菜，没有办法再摆上另一道新菜时，在得到客人认同后服务员可将桌上的剩菜换小盘盛装，放置在转盘上，直至客人决定不再食用这道菜时再撤走。

5. 上菜顺序

宴会菜肴的上席，是根据宴会规格和菜品的组合内容与时餐的节奏，有计划、按比例地依次上席。它的正确把握，对提高宴会服务质量，增进人们食欲都有着十分重要的意义。清朝袁枚的《随园食单》曰："上菜之法，咸者宜先，淡者宜后，浓者宜先，薄者宜后，无汤者宜先，有汤者宜后。度客食饱则脾困矣，需用辛辣以振动之；虑客酒多则胃疲矣，需用酸甘以提醒之。"按照我国传统饮食文化有如下要求。

（1）出品上席顺序。从食序看，为"一酒二菜三汤四点五果六茶"；从菜品地位看，凉菜—主菜（较高贵的名菜）—热菜（先上烧制菜，中间上炸炒菜，最后上蒸制菜）—汤菜—甜菜（随上点心）—米饭、面点—水果，突出热菜、大菜和头菜；从上菜程序看，多是以酒为导引，遵循"因酒布菜"的进食原则。

（2）菜点上席原则。"七先七后原则"：先冷后热，先主（优质、名贵、风味菜）后次（一般菜），先咸后甜，先浓后淡，先干后稀，先荤后素，先菜后点。

（3）"席无定势，因客而变"。按照三水（黄河、长江、珠江）四方（东、南、西、北）。

表7.1为中国不同地区上菜顺序格局。

表7.1　中国不同地区上菜顺序格局

地　区	上　菜　顺　序
北方地区（华北、东北、西北）	冷荤（有时也带果碟）—热菜（以大件带熘炒的形式组合）—汤点（面食为主体，有时也跟在大件后）
西南地区（云贵川渝和藏北）	冷菜（彩盘带单碟）—热菜（一般不分热炒和大菜）—小吃（1—4道）—饭菜（以小炒和泡菜为主）—水果（多用当地名品）
华东地区（江浙沪皖、江西、湖南、湖北部分地区）	冷碟（多系双数）—热菜（也为双数）—大菜（含头菜、二汤、荤素大菜、甜品和座汤）—饭点（米面兼备）—茶果（数量视席面而定）
华南地区（两广、海南、港澳地区、福建、台湾也受影响）	开汤席—冷盘—热炒—大菜—饭点—时果

资料来源：贺习辉.宴席设计理论与实务.旅游教育出版社，2010年.

近来，许多地方都把宴会上汤的时间提前了，有的则先后上两道汤，以适应客人的习惯。如广东习惯在冷菜后的第一道菜就上炖品汤，结尾时也是汤；安徽某些地区的头道菜是开胃甜汤，鱼在最后汤的前面上。上点心，各地习惯亦有不同，有的在宴会中上，有的在宴会将结束时上；有的甜、咸点心一起上，有的则分别上；有的在宴会中间要上两次点心。现在不少地区按照营养学要求，宴会开始时首先上水果。这都要根据宴会类型、特点、需要，因人、因事、因时而定。

6. 端送菜品

送菜员用托盘将菜点送至服务桌，值台服务员检查菜点与宴席菜单是否一致。上菜时，或将菜肴放在托盘内端至桌前，左手托盘，右脚在前，侧身插站在上菜口的两位客人餐椅间，用右手上菜；或直接用右手端盘在上菜口上菜。

7. 艺术摆菜

（1）造型美观。菜点上席要对称摆放。从菜肴的原材料、色彩、形状、盛具等方面讲究摆放对称。如鸡对鸭、鱼对虾等，同形状、同颜色的菜肴相间对称摆在餐台的上下或左右位置上。摆放时注意荤素、颜色、口味的搭配和间隔，盘与盘之间距离相等，如表7.2所示。

表7.2　菜点摆放原则与艺术

数　量	菜点摆放原则与艺术
1只菜	原则是一中心：1菜时，放于餐台中心
2只菜	原则是二平放：2菜时，摆成横"一"字形；1菜1汤时，摆成竖"一"字形，汤前、菜后
3只菜	原则是三三角：3菜时，摆成品字形；2菜1汤时，汤在上、菜在下
4只菜	原则是四四方：4菜时，摆成正方形；3菜1汤时，以汤为圆心，菜沿汤内边摆成半圆形
5只菜	原则是五梅花：5菜时，摆成梅花形；4菜1汤时，汤放中间，菜摆在四周
5只菜以上	原则是六圆形：以汤或头菜或大拼盘为圆心，其余菜点围成圆形

（2）突出看面。菜肴看面是菜肴最宜于观赏的一面。上菜时，菜肴看面要对准主位，如表7.3所示。

表7.3　各类菜肴的看面

看　面	实　　　例
头部	凡是烤乳猪、冷盘"孔雀开屏"等整形的有头的菜或椭圆形的大菜盘，看面为头部
身子	头部被隐藏的整形菜，如八宝鸡、八宝鸭等，其丰满的身子为看面
刀面	双拼或三拼，整齐的刀面为看面

看　面	实　　例
正面	有"囍""寿"字的造型菜,字面正面为看面
靓部	一般菜肴,刀工精细、色调好看为看面
腹部	上整形菜时,如整鸭、整鸡、整鱼,要"鸡不献头、鸭不献掌、鱼不献脊",将其头部一面向右,腹部朝客人,表示对客人的尊重
盆向	使用长盘的热菜,其盘子应横向朝主人

（3）尊重主宾。主宾是服务的重点对象,因此挪盘时要向陪客方向移动。每上一道热菜,都要对餐桌上的菜肴进行一次调整,将新上的菜摆在餐台的中心,或摆在转盘边上,再转至主宾前,以示对主宾的尊重。

（4）操作规范。

"平"。菜盘拿在手上要平稳,不能倾斜将盘中汤汁滴出来。

"准"。上菜前挪出空位,将要上的菜盘准确落位。

"轻"。菜盘放下时动作要轻,不可发出响声。

"正"。有形菜上席时要面向主人席摆正位置。

8．展介菜品

（1）展示。大拼盘、头菜要摆在餐桌中间;其余菜在"上菜口"上席后,将转盘按顺时针方向慢慢转一圈,最后停在主宾面前,使所有客人均可欣赏领略到菜品的色、香、味、形、质的风韵。

（2）介绍。展示菜品时,后退半步,向客人介绍菜名和风味特点,也可对该菜做简单说明,如客人有兴趣,则可介绍与地方名菜相关的民间故事,有些特殊的菜应介绍食用方法。介绍时表情要自然,吐字要清晰,脸带微笑,声音悦耳。

9．跟进服务

表7.4　各类菜肴上菜跟进服务

菜　品	跟　进　服　务
冷菜	如潮式卤水拼盘,要上白醋;鱼鲞类要跟米醋
作料菜	作料配齐后,或先上作料菜后上菜,或与菜同时摆上。如清蒸鱼配有姜醋汁,北京烤鸭配有大葱、甜面酱、面饼、黄瓜等作料
声响菜	如海参锅巴、肉片锅巴、虾仁锅巴,一出锅就要以最快速度端上台,随即把汤汁浇在锅巴上,使之发出响声
油炸爆炒菜	如凤尾明虾、炸虾球、油爆肚仁等,易变形,需配番茄酱和花椒盐。一出锅应立即端上餐桌,上菜时要轻稳,以保持菜肴的形状和风味

（续表）

菜 品	跟 进 服 务
拔丝菜	如拔丝香蕉、拔丝苹果、拔丝山芋等，为防止糖汁凝固、保持拔丝菜的风味，要托热水上，即将装有拔丝菜的盘子搁在盛装热水的汤碗上，用托盘端送上席，并跟凉开水数碗
外包菜	采用工艺特别的泥包、盐焗、荷叶包的菜，如灯笼虾仁、荷叶粉蒸鸡、纸包猪排、叫花鸡、盐焗鸭、荷香鸡，上台让客人观赏后，再拿到操作台上当着客人的面打破或启封，以保持菜肴的香味和特色，再将整个大银盘以左手托住，由主宾开始，按顺时针方向绕行一圈，让每位客人都能看到厨师的精心杰作
原盅炖品菜	如冬瓜盅，要当着客人的面启盖，以保持炖品的原味，并使香气在席上散发，揭盖时要翻转移开，以免汤水滴落在客人身上
河海鲜菜	需要用手协助食用菜肴时，如带壳的虾类或螃蟹等，必须随菜供应洗手盅。贵宾式服务中，应为每位宾客各准备一只洗手盅。洗手盅盛以温水，加上柠檬片或花瓣
大闸蟹	吃大闸蟹时，必须上姜醋味碟并略加绵白糖，以利祛寒去腥，同时提供蟹钳。吃完大闸蟹后为每位客人上一杯糖姜茶暖胃。备洗手盅和小毛巾，供餐后洗手
多汁菜	除了汤品需要使用小汤碗盛装之外，一些多汁的菜肴也需采用小汤碗，以方便客人食用，根据菜单中菜式需要，准备足够的汤碗备用
铁板类菜	如铁板大虾、铁板牛柳、铁板鸡丁等。既可以发出响声烘托气氛，又可以保温。服务时要注意安全，铁板烧的温度要适度，向铁板内倒油、香料及菜肴时，离铁板要近，最好用盖子半护着，以免锅内的油烫伤客人
汤、火锅、铁板、锅仔	一为安全、二为服务方便，须在火锅、铁板、锅仔下面放置一个垫盘

10. 保持整洁

随时整理台面、撤去空菜盘，保持台面整洁美观，严禁盘子叠盘子。如果满桌，可以大盘换小盘、合并或帮助分派，当然事先须征得客人的同意。

（二）酒水服务规范设计

1. 准备酒水

开餐前，备齐各种酒水、饮料，擦拭干净酒水瓶，特别是瓶口部位。检查酒水质量，如发现瓶子破裂或有悬浮物、沉淀物等应及时调换。摆放整齐，矮瓶在前、高瓶在后，既美观又便于取用。了解各种酒品的最佳奉客温度，采取升温或降温的方法使酒品温度适于饮用。凡需使用冰桶冰镇的酒，从冰桶取出酒瓶时，要用一块餐巾包住瓶身，以免瓶外水滴弄脏台布或客人的衣物；使用酒篮服务的酒瓶，瓶颈下应衬垫一块布巾或纸巾。

2. 准备酒具

准备适用于各类酒水的酒具。

3. 选用酒水

按宴会所备品种放入托盘，先征求客人意见选用不同品牌、不同种类的酒水饮料，待客人选定后再斟。上果汁时，如为盒装果汁，为显示高贵大方，应将果汁倒入果汁壶再进行服务。如客人提出不用酒水时，应将客前的空杯撤走。

4．开启酒瓶

酒瓶封口有瓶盖和瓶塞两种，应使用开瓶器具开瓶，一种是专门开启瓶塞用的酒钻，另一种是开瓶盖用的启盖扳手。开瓶时，将瓶放在桌上，减少瓶体晃动，动作要准确、敏捷、果断。开启软木塞时，为预防软木断裂，可将酒瓶倒置，用酒液的压力顶住木塞，然后再旋转酒钻。开瓶后的封皮、木塞、盖子等杂物，放在小盘中带走。

5．斟酒服务

（1）时机。

① 开席前。高档休闲宴会或大型休闲宴会，祝酒时的第一杯饮用中国酒。受西式宴会影响，为增添宴会欢快气氛、符合饮酒规律，也可将第一杯酒改为低度果酒，开宴前5分钟，应先斟好果酒。小型休闲宴会、一般休闲宴会可根据客人的饮食习惯和要求而定，通常是等客到齐后开始斟酒。

② 入座后。上第一道热菜前，从主宾开始，按顺时针方向依次为客人斟倒酒水。

③ 进餐中。及时为宾客添斟酒水。

（2）方式（详见西式休闲宴会酒水服务内容，如表7.5所示）。

（3）顺序。遵循先主宾后主人、先女宾后男宾的原则，从主宾开始，按顺时针方向进行斟倒，有时也从年长者或女士开始斟倒。若是两名服务员同时服务，则一位从主宾位置开始，向左绕餐台进行，另一位从副主人一侧开始，向右绕餐台进行。斟倒不同酒品，应先斟葡萄酒（提前斟除外），再斟烈性酒，最后斟饮料。客人表示不需要某种酒时，应将空酒杯撤走。

（4）斟酒量。控制斟酒量的目的是为了最大限度地发挥酒体风格和对客人的敬意，如下所示。当然，客人要求斟满杯酒时，应满足其要求。

白酒、高度酒：中国白酒与药酒都净饮，不与其他酒掺兑，酒杯容量较小，斟1/2—1/3杯为宜。

啤酒等含泡沫的酒：啤酒泡沫较多，极易溢出杯外。沿着酒杯内壁慢慢斟，也可分两次斟，以泡沫不溢为准，以八分满为佳。

黄酒：加温后给客人饮用；在征得客人同意后，加热过程中可加入少量的姜片、话梅、红糖等调味品，以提高口感。

果酒：红葡萄酒杯斟1/2杯；白葡萄酒杯斟2/3杯。

6．续添酒水

在宴会进行中，一般宾主都要讲话（祝酒词、答谢讲话等），在宾主的讲话结束时，双方都要举杯祝酒。因此，在宾主讲话开始前，要将宾客的酒水续满，以免宾主在祝酒时杯中无酒。

当宾主讲话即将结束时，负责主桌的服务员要将讲话者的酒水送上，供祝酒用。有时，讲话者要走下讲台，与各桌的宾客一一碰杯。这时，要有服务员拿着酒瓶跟在讲话者的身后，以便给讲话者及时添续酒水。大型休闲宴会主宾致辞时，服务员应停止一切活动,端正地静立在僻静的位置上,用托盘备好一至两杯甜酒或瓶酒,注意宾客杯中的酒水喝到只剩1/3左右时,应及时斟倒。主人离位祝酒时,服务员应托着酒水跟随主人身后,以便随时给主人或来宾续斟,直至客人示意不要为止(如酒水用完应征询主人意见是否需要添加)。当客人起立干杯或敬酒时,应帮助客人拉椅,客人就座时,把椅子向前推,注意客人的安全。斟酒时不要弄错酒水。因操作不慎而将酒杯碰翻时,应向客人表示歉意,将酒杯扶起,检查有无破损,若有破损立即另换新杯;若无破损,迅速用干净的口布铺在酒迹之上,然后将酒杯放回原处,重新斟酒。

二、西式休闲宴会服务规范设计

(一)服务规范要点

(1)餐桌以长台为主,有时也用圆台或腰形台。

(2)用餐方式是采用分餐制,一人一份餐盘,以食用西餐风味的菜点为主。

(3)西餐中每吃一道菜,更换一套餐具,多用刀叉服务,收盘时连同用过的刀叉一起收走,餐具的摆放亦按事先定好的菜单,根据菜式摆上不同的刀叉用具。

(4)在酒水的选用上,西式宴会有一套传统的规则,吃什么菜,饮什么酒,选用什么样的酒杯。

(5)西式休闲宴会按照西餐操作程序和礼节进行服务,环境灯光柔和或偏暗,有时点蜡烛,并在席间播放音乐,气氛轻松。

(二)上菜服务规范设计

1. 上菜顺序

不同西式休闲宴会有不同的要求和服务,上菜顺序也不一样。一般的上菜顺序为:开胃菜(头盆)—汤—沙拉—主菜—甜点和水果—餐后饮料(咖啡或茶)。待客人用完后撤去空盘再上另一道菜。西餐采用分餐制,应遵循先女宾后男宾、先宾客后主人和年长客人优先的服务顺序。

2. 上菜位置

为少打扰客人和方便服务操作,大多遵从“右上右撤”(右手从客人右侧上菜、撤盘)的原则,服务方向按顺时针方向绕台进行。若从左侧服务则按逆时针方向进行。

3. 上菜要求

上菜时,盘中主料应摆在靠近客人的一侧,配菜放在主菜的上方。报菜名,介绍菜品风味与特点。如餐具较热要及时提醒客人注意。主菜需要跟上配汁、调料时,应将其盛器放在铺有花纸垫的小碟托上,在客人右侧服务。每上一道新菜前,要先为客人提供斟酒服务,并主动征求客人意见,得到允许后撤下上一道菜的餐具。如刀叉并排放在盘中,无论盘中是否还有菜肴,都可撤下餐具。清理台面,及时摆上与新上菜点相匹配的刀叉、盘碟。上水果、甜点前,撤去酒水杯外的餐具,摆上新的餐具。服务细致,技术熟练,没有汤汁、菜点洒在桌上或客人衣物上的现象发生。

（三）席面服务规范设计

西式休闲宴会的餐桌服务方式有其特定的服务流程与准则，但宴会时所采取的餐饮服务方式仍需视菜单而定，即服务人员应依照菜单内容，进行不同的服务与餐具摆设。下面以一份西式休闲宴会菜单为例：鹅肝酱饼、鲜虾清汤、白酒茄汁蒸鲳鱼、烤芥末菲利羊排、各式精选奶酪、莓子千层蛋糕、咖啡或红茶、小甜点。

1.面包服务

（1）将面包放入装有餐巾的面包篮内，然后从客人的左手边送到客人的面包盘内。

（2）宴会中，面包作为佐餐食品可以在任何时候与任何菜肴搭配进行，所以要保证客人面包盘总是有面包，面包都采用献茶服务或分菜服务，直到客人表示不再需要为止。

（3）在西式休闲宴会中，不管面包盘上有无面包，面包盘都需保留到收拾主菜盘后才能收掉；若菜单上有奶酪，则需等到客人用完奶酪后，或在上点心之前，才能将盘子收走。

2.白葡萄酒服务

白葡萄酒服务内容在后文酒水服务设计中详解。

3.冷盘服务——鹅肝酱饼

（1）通常在厨房先将鹅肝酱饼摆放在餐盘上，餐盘必须冷冻过。

（2）服务人员应从宾客右手边进行服务。上菜时，拿盘的方法应为手指朝盘外，切记不能将手指头按在盘上，将盘子放在客人面前装饰盘的中央。

（3）鹅肝酱一般附有每人2片烤成三角形的小吐司饼。服务人员同样必须用面包篮，将饼由客人左手边递到面包篮上，让客人搭配鹅肝酱食用。

（4）正式宴会时服务员必须等该桌客人都食用完毕，才可同时将使用过的餐具撤下。收拾餐盘及刀叉时，应从客人右手边进行。

4.鲜虾清汤服务

（1）从客人右手边送上汤，并注意汤碗有双耳，摆放时则应使双耳朝左右平行面朝向客人，而不可朝上下。为保持温度，盛器必须加热。上席时要提醒客人小心，带盖的汤盅上席后要揭去其盖，放手托盘带走。

（2）待整桌客人同时用完汤后，将汤碗、底盘连同汤匙从客人右手边收掉。

（3）此时，服务人员需注意客人是否有添加面包或白葡萄酒的需要，应给予继续服务。

5.白酒茄汁蒸鲳鱼服务

（1）白酒茄汁蒸鲳鱼是一道热菜。为了保持热菜的新鲜度，厨师在厨房将菜肴装盘后，便应立即由服务人员端盘上桌。

（2）为应付上述情况，宴会主管在大型休闲宴会中必须有技巧地控制上菜的方法。因为在西式休闲宴会里，必须等整桌都上完菜后才能同时用餐，若仍让每位服务人员只在自己所负责的桌次服务，便常造成同一桌次的宾客有的已经上菜，有的仍需等菜，导致已上桌的热菜在等待过程中冷掉。

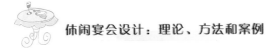

（3）基于上述原因，全体服务人员必须相互协助，不能只服务自己所负责的桌次。应由领班到现场指挥，让全体服务人员按照顺序一桌一桌上菜，避免造成每桌均有客人等菜的现象，并方便让整桌上完菜的客人先用餐。

6. 红葡萄酒服务

（1）除非客人要求继续饮用白葡萄酒，否则在提供红葡萄酒服务前，若客人已喝完白葡萄酒，便应先将白葡萄酒杯收掉。

（2）为使酒"呼吸"，红葡萄酒在上菜前已先开瓶，所以服务人员可直接从主人或点酒者右侧，将酒瓶放在酒篮内，标签朝上。

7. 主菜服务——烤芥末菲利羊排

（1）主菜又称大菜，是一餐主要的菜肴。餐具与主菜相对应，如吃牛排要配牛排刀，吃龙虾要配龙虾开壳夹和海味叉，吃鱼类要配鱼刀、鱼叉等。

（2）主菜摆放在餐台的正中位置，将肉食鲜嫩的最佳部位朝向客人，配有蔬菜、沙拉盘在客人的左侧，酱汁应由服务人员从客人左手边递给有需要者。

（3）服务人员必须等所有客人都已用完餐，才能从宾客右手边收拾主餐刀、主餐叉及餐盘。面包盘则必须等到客人用完奶酪后才能收掉。

（4）用完主餐后，应将餐桌上的胡椒、盐同时收掉。

（5）替客人添加红葡萄酒时，最好不要将新、旧酒混合，必须等到客人喝完后再倒酒。

（6）注意烟灰缸的更换，应以烟灰缸内不超过2个烟头为原则。

8. 各式精选奶酪服务

（1）上奶酪前，服务人员必须左手拿持托盘，右手将小餐刀、小餐叉摆设在客人位置上。

（2）将各种奶酪摆设在餐车，由客人左手边逐一询问其喜好，依序服务。若宴会人数众多，便应先在厨房中备妥，再采用餐盘服务，从客人右手边上菜。

（3）提供奶酪服务的同时，亦需继续提供红葡萄酒服务和面包服务。

（4）同桌宾客都食用完后，服务人员必须将餐盘、小餐刀及小餐叉从客人右手边收掉，面包盘可放在托盘上从客人左手边收掉。

（5）准备一份扫面包屑用的器具，将桌面清理干净。

9. 莓子千层蛋糕服务

（1）上点心前，桌子上除了水杯、香槟杯、烟灰缸及点心餐具外，全部餐具与用品都要整理干净。如果桌上还有未用完的酒杯，则应征得客人同意后方可收掉。

（2）上点心之前若备有香槟酒，需先倒好香槟才能上点心。

（3）餐桌上的点心叉、点心匙应分别移到左右两边，以方便客人使用。

（4）点心应从客人右手边上桌，餐盘、餐叉及餐匙的收拾也将从客人右手边进行。

（5）在咖啡、茶上桌之前应先将糖盅及鲜奶油盅放置在餐桌上。

10. 咖啡或红茶服务

（1）点心上桌后，即可将咖啡杯事先摆上桌。

（2）上咖啡时，若客人面前还有点心盘，则咖啡杯可放在点心盘右侧。

（3）如果点心盘已收走，咖啡杯便可直接放在客人面前。

（4）倒咖啡时，服务人员左手应拿着服务巾，除方便随时擦掉壶口滴液外，亦可用来护住热壶，以免烫到客人。

（5）咖啡或茶必须不断地供应，但添加前应先询问客人，以免造成浪费。

11. 小甜点服务

上小甜点时不需要餐具，由服务人员直接端着绕场服务或每桌放置一盘，由客人自行取用。

除了上述各种菜肴的服务方法外，在西式休闲宴会中，服务人员还有以下一些基本服务要领必须注意。

（1）同步上菜、同步撤盘。小型宴会，需等到所有客人都吃完后，才可以收拾残盘。大型宴会，以桌为单位，同一种菜品要同时上桌，一起撤盘。撤盘时要留意客人餐具的摆放，如果将刀叉并拢放在餐盘左边或右边或横于餐盘上方，表示不再吃了，可以撤盘；如果呈八字形搭放在餐盘的两边，则表示暂时不需撤盘。用右手从客人的右边撤盘，然后绕桌按逆时针方向顺序从每位客人的右边进行。

（2）确保餐盘及桌上物品的干净。拿餐具时，应手拿刀叉的柄或杯子的底部，更不可与食物碰触。餐桌上摆设的胡椒罐、盐罐或杯子等物品要保持干净。上菜时需注意盘缘是否干净，若不干净，应用服务巾擦干净后，才能上席。撤盘时不要在餐桌上刮盘子里的残羹剩菜，或者将盘子堆放在餐桌上。收下的餐具要收拾到服务台上的托盘里，操作动作要轻。拿餐具时，不可触及入口的部位。从卫生角度来考虑，服务人员拿刀叉或杯子时，不可触及刀刃或杯口等与口接触之处，而只拿刀叉的柄或杯子的底部，当然手也不可与食物碰触。

（3）保持菜肴应有的温度。盛装热食的餐盘需预先加热才能使用，加盖的菜肴等上桌后再打开盘盖。因此，服务用的餐盘或咖啡杯必须存放在具有保温功能的保温箱中，而冷菜类菜肴绝对不能使用保温箱内的热盘子来盛装，以维持菜肴应有的温度。

（4）餐盘标志及主菜肴的位置应在既定方位。摆设印有标志的餐盘时，应将标志正对着客人；牛排等主菜必须靠近客人；有尖头的点心蛋糕尖头应指向客人。

（5）调味酱应于菜肴上桌后才进行服务。调味酱分为冷调味酱和热调味酱。冷调味酱如番茄酱、芥末等由服务员准备好后摆在服务桌上，待客人需要时服务；热调味酱由厨房调制好后，由服务人员以分菜方式进行服务。服务方式应为一人上菜肴，一人随后上调味酱，或者在端菜上桌之际，向客人说明调味酱将随后服务，以免客人不知另有调味酱而先动手食用。

（6）应等全部客人用餐完毕才可收拾残盘。

（7）补置餐具。有客人用错刀叉时，也需将误用的刀叉收掉，务必在下一道菜上桌前及时补置新刀叉。

（8）客人食用有壳类或需用到手的食物时，应提供洗手碗。凡是食用有壳类或需用手的龙虾、乳鸽、蟹虾等菜肴，应提供洗手盅与香巾，盅内盛装约1/2的温水，放有花瓣或柠檬片装饰，用托盘送至客人右上方的酒杯上方，上桌时稍做说明。随菜上桌的洗手盅视同为该道菜的餐具之一，收盘时必须一起收走。

（9）冰水服务。在西方，人们饮用冰水已成习惯，在宴席中冰水尤其不可或缺。冰水服务的程序及要求：矿泉水服务前应先冷却，使其温度达到4℃左右；将玻璃水杯预凉；如是瓶装矿泉水，应当着客人面打开、倒入杯中，由客人决定是否要加冰块或柠檬片；用冰夹或冰勺将冰块盛入玻璃水杯中（绝不能用玻璃杯代替冰夹、冰勺到冰桶里取冰）；将盛有冰块的水杯放在客人桌上，再用装有冰块的水壶加满水，或者先加满水，再将水杯服务给客人；水壶中常保持有冰块和水，便于需要时随时取用；保持水杯外围的干净，同时避免提供微温、浑浊的冰水；提供冰水时可用柠檬、酸橙等装饰冰水杯；冰水应卫生，以确保客人健康。

（10）巡视服务。开宴过程中，照顾好每一个台面的客人，各项服务均做到适时、准确、耐心，操作规范，让客人十分满意。

（四）菜点调味配料设计

（1）鱼类：配V形柠檬片。

（2）鱼和海鲜类：配鞑靼调味汁（含有琢碎的熟蛋黄、碎酸菜、橄榄油、干葱粒等）。

（3）汉堡包：配番茄酱和泡菜。

（4）牛排：配牛肉酱汁。

（5）热狗：配芥末汁酱。

（6）土豆薄煎饼：配苹果酱。

（7）沙拉：配调味汁（3种以上供选择）。

（8）面包：配黄油。

（9）烤面包：配黄油、果酱。

（10）汤：配咸苏打饼干。

（11）龙虾：配澄清的黄油。

（12）烤鸭：配薄饼、葱和甜酱。

（13）煎炸的鸡鸭：配椒盐和番茄酱。

（14）主菜：配欧芹以增加色彩。

（15）咖啡：配牛奶和糖。

（16）茶：配柠檬切片和糖。

（17）螃蟹、龙虾等：配洗手盅（在洗手盅里倒入五成温水，放入少许柠檬片、菊花瓣等）。

（五）酒水服务设计

1. 备酒

按宴会酒水单从库房领取酒水。擦净瓶身，观察商标是否完整。从外观检查酒水质量,若发现瓶子破裂或酒水中有悬浮物、浑浊沉淀物等变质现象,应及时调换。将酒水分类,按酒瓶高矮分别前后摆放整齐。酒体绝对不许晃动,防止汽酒造成冲冒现象、陈酒造成沉淀物窜腾现象。

2. 温酒

（1）各类酒品最佳饮用温度。

中国白酒:冬天喝白酒应用热水烫至20—25度为佳,除去酒中的寒气。但名贵的酒品如茅台、五粮液、汾酒等一般不烫,保持其原"气"。

西方白酒:根据客人要求可加冰块,其余是室温下净饮。

黄酒、清酒:最佳品尝温度在40度,这样喝起来更有独特滋味,需要温烫。

白葡萄酒:干型、半干型白葡萄酒的芬芳香味比红葡萄酒容易蒸发,在饮用时才可开瓶。饮用温度为8—12度,味清淡者10度、味甜者8度为宜。除冬天外,白葡萄酒都应冰镇饮用;应用冰块冰镇,不可用冰箱冰镇。

红葡萄酒:桃红酒和轻型红葡萄酒一般不冰镇,温度在10—14度之间,鞣酸含量低的红葡萄酒15—16度,鞣酸含量高的红葡萄酒16—18度。服务前先放在餐室内,使其温度与室内温度相等。服务时打开瓶盖,放在桌上,使其酒香洋溢于室内。但在30度以上的暑期,要使酒降温至18度左右为宜。

香槟酒:香槟酒、利口酒和气泡酒饮用温度为6—9度,为了使香槟酒内的气泡明亮闪烁时间久一些,要将香槟酒瓶在碎冰内冰镇后再开瓶饮用。

（2）冰镇或温烫方法。

冰块冰镇:餐桌一侧准备好冰桶架,上置冰桶,桶中放入各占一半的冰块与冷水,冰块不宜过大或过碎。将需冰镇的酒瓶斜插入冰桶中,约10多分钟可达到降温效果。用架子托住桶底,把桶送至客人餐桌边,用一块口布搭在瓶身上,为客人提供酒水服务。名贵的瓶装酒大都采用这种方法来降温。

溜杯:手持酒杯下部,杯中放入一块冰块,摇转杯子降低杯温。

烧煮:把酒倒入容器后,采用燃料加热或电加热。

水烫:将酒倒入烫酒器,置入热水中升温;水烫和燃烧一般都当着客人的面操作。

火烤:将酒装入耐热器皿,放在火上烧烤升温。

燃烧:将酒盛入杯盏内,直接点燃酒液来升温。

冲泡:将沸滚饮料(如水、茶、咖啡等)冲入酒液,或将酒液注入热饮料中升温。

3. 准备酒杯

（1）不同酒水使用不同酒杯。各种专用酒杯会使客人感到餐厅的专门化程度和针对性的服务,当然应与餐厅的档次相符。如啤酒杯的容量大、杯壁厚,可较好地保持冰镇效果。葡萄酒杯做成郁金香花型,当酒斟至杯中面积最大处时,可使酒与空气保持充分接触,让酒的香醇味道更好地挥发。烈性酒杯容量较小,玲珑精致,使人感到杯中酒的名贵与纯正。

西式休闲宴会各类杯具容量、斟酒量及其用法如表7.5所示。

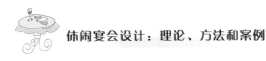
表7.5　西式休闲宴会各类杯具容量、斟酒量及其用法

杯具适用酒类	常用杯具及名称	杯具容量（单位：盎司）	使用说明
烈酒类	净饮杯	1—2	用来盛酒精含量高的烈酒类，斟酒量为1/3杯
威士忌	古典杯	2	斟威士忌酒、伏特加、朗姆酒、金酒时常加冰块。斟酒量为1/3杯
饮料、果汁	水杯、哥士连杯、森比杯、库勒杯、海波杯	8—16	要采用新鲜、质量较好的水果来做，且现场做现场用。用来盛各类果汁、冰水、软饮料或长饮类混合饮料，斟水（果汁）为8分
白兰地	白兰地杯	1	常温饮用，斟酒量为1/5杯
啤酒	皮尔森杯、啤酒杯、暴风杯	1	斟酒量为8分
香槟杯	郁金香杯、浅碟型杯	5—6	冰桶冰镇后饮用。斟香槟酒时分两次进行，先向杯中倒1/3，待泡沫退后再续倒至杯的2/3
鸡尾酒杯	三角、梯形鸡尾酒杯	2—3	按配方与调制方法制作，现调现用。斟酒量2/3或8分满
雪利酒	雪利杯	4—5	斟酒量为2/3杯
利口酒	利口酒杯	1—2	斟酒量为2/3杯
葡萄酒	红葡萄酒杯、白葡萄酒杯	6—8	红葡萄酒杯比白葡萄酒杯大。红葡萄酒杯斟酒量为1/2，白葡萄酒杯斟酒量为2/3杯
咖啡	咖啡杯	每杯标准11 G	冲煮咖啡浓淡要适宜，冲泡时间要尽可能短；煮咖啡的温度应在90—93度之间，煮好后应使用陶瓷的咖啡杯来装，并马上给客人送去
茶	茶具、茶杯		茶叶冲泡时8分满即可；当杯中水已去一半或2/3时要及时添茶水

（2）葡萄酒饮用酒杯。杯子用水晶或无色的玻璃制成，不要雕琢和装饰，以便更好地看到酒的颜色。选用高脚造型，转动酒杯观察时，不会由于手的温度而影响杯中的酒温。酒杯要用温水清洗，不用或少用洗涤剂，认真擦拭干净。擦干的杯子要立放或倒挂起来，不能染上其他气味。

（3）安全卫生。摆台前应仔细检查每一只酒杯的清洁卫生，擦拭酒杯时先把杯子在开水的蒸汽里蒸一下，然后用干净餐巾裹住杯子里外擦拭，直至光亮无瑕止。

4. 示酒

宾客点用整瓶酒后，从吧台取来酒水时应使用托盘（酒瓶立式置放）或特制的酒篮

（酒瓶卧式置放，冰桶冰镇）。在酒瓶下垫一块干净的餐巾。员工站立在客人的右侧，左手托瓶底，右手扶瓶颈，酒标朝向客人，让客人辨认、确定。一是对客人的尊重；二是可核实有无误差、避免差错；三是可证明酒品的可靠性；四是增添餐厅气氛，标志服务开始。若客人不认同，则去酒窖更换酒水，直到客人满意为止。

5. 开启酒瓶

酒瓶封口有瓶盖和瓶塞两种，开瓶器有开起瓶塞用的酒钻和开瓶盖用的启盖扳手。酒钻螺旋部分要长（有的软木塞长达8—9厘米）、头部要尖，不可带刃以免割破瓶塞。瓶酒开启后，一次未斟完，瓶可留在桌上，放在客人的右手一侧。

各种瓶酒开启方法如下。

葡萄酒： 开瓶前，持瓶向客人展示。当着客人的面开瓶。用洁净的餐巾把酒瓶包上，先用酒刀切瓶口部位锡纸，揩擦干净瓶口。将瓶放在桌上，将酒钻慢慢钻入瓶塞，如软木塞有断裂迹象，可将酒瓶倒置，用内部酒液的压力顶住木塞，然后再旋转酒钻。开拔瓶塞动作越轻越好，尽量减少瓶体的晃动，防止将瓶底的酒渣泛起，影响酒味，防止发出突爆声。用餐巾仔细擦拭瓶口，不要让瓶口积垢落入酒中。开瓶后的封皮、木塞、盖子等杂物，不要直接放在桌子上，可放在小盘子里，操作完毕一起带走，不要留在餐桌上。

香槟酒： 当着客人面，剥除瓶口锡纸，然后用左手握住瓶身，按45度的倾斜拿着酒瓶，用大拇指紧压软木塞，右手将瓶颈外面的铁丝圈扭弯，一直到铁丝帽裂开为止，再将其取下。再用左手紧握软木塞，并转动瓶身，使瓶内的气压将软木塞挤出来。擦干净瓶身转动瓶身时，动作要既轻又慢。开瓶时要转动瓶身而不可直接扭转软塞子，以免将其扭断而难以拔出。开瓶时（包括汽酒、啤酒等），应将瓶口对着自己并用手遮挡，以示礼貌，防止气泡或软木塞喷到客人身上。若已溢出酒味，应将酒瓶呈45斜握。

烈性酒： 采用塑料盖封瓶方式的，外部包有一层塑料膜，开瓶时先用火柴将塑料腊烧融取下，然后旋转开盖即可。采用金属盖封瓶方式的，瓶盖下部有一圈断点，用力拧盖，使断点断裂，便可开盖；若遇有断点太坚固，难以拧裂的，可先用小刀将断点划裂，然后再旋转开盖。

6. 验瓶塞

开瓶后，要用干净的布巾仔细擦拭瓶口。服务员要先闻一下插入瓶内部分瓶塞的味道，用以检查酒质（变质的葡萄酒会有醋味）。将拔出后的酒瓶塞放在垫有花纸的垫碟上，交与点酒的客人检验。

7. 醒酒

为增加口感，在提供红葡萄酒服务之前，询问客人是否需要给红葡萄酒醒酒。征得客人同意后，将红葡萄酒置于酒篮中5—10分钟，先不倒酒。

8. 滗酒

陈年酒有一定沉积物于瓶底，斟酒前应事先剔除混浊物质，以确保酒液的纯净。

最好使用滗酒器，也可用大水杯代替。滗酒前，将酒瓶竖直静置数小时。滗酒时，准备一光源，置于瓶子和水杯的那一侧，用手握瓶，慢慢侧倒，将酒液滗入水杯。当接近含有沉渣的酒液时，沉着果断停止，争取滗出尽可能多的酒液。

9. 试酒

试酒是欧美人在宴请时的斟酒仪式。员工右手捏握酒瓶，左手自然弯曲在身前，左臂搭挂服务巾一块，站在点酒客人右侧。斟倒约1盎司的红葡萄酒，并在桌上轻轻晃动酒杯，使酒与空气充分接触。请主人嗅辨酒香，认可后将酒杯端给主宾尝一口，试口味。在得到主人与主宾一致赞同后再按顺序给客人斟酒。如客人对酒不满意，向客人道歉，立即将酒撤走，并向经理汇报采取补救措施。

10. 斟酒

（1）斟酒方式。无论采用哪种方式斟酒都要做到动作优雅、细腻，处处体现出对宾客的尊重并注意服务的卫生。斟酒技艺要求做到不淌不洒、不少不溢。

不同斟酒方式的操作流程与规范如下。

① 徒手斟酒：西式斟酒方式。适用于冰镇过的红、白葡萄酒的服务，零点点餐服务与客人选用酒水单一的服务。

服务员站在客人右后侧，右肢跨前踏在两椅之间，身体侧向客人，上身略微前倾；左手持餐巾背于身后，右手持酒瓶下半部，酒标朝外正对客人以示酒，同时向客人介绍酒的特点。

瓶口与杯沿保持1—2厘米距离，不可将瓶口搁在杯沿上或采取高溅注酒的方法。掌握好酒瓶的倾斜度，控制流速和流量，将酒水缓缓倒入杯中。满瓶酒和半瓶酒的流速会不同，瓶内酒越少流速越快，反之则慢。啤酒、香槟酒的速度要慢一些，可分两次来斟。

斟完一杯酒时，应顺势绕酒瓶轴心线转动1/4圈，抬起瓶口（俗称"收"），使最后一点酒随着瓶身的转动，均匀地分布在瓶口边沿上，防止酒水滴洒在台布或客人身上；并用左手的餐巾布擦拭一下瓶口。

每斟一杯酒，都应更换位置，站到下一个客人的右手边。不能左右开弓、探身对面、手臂横越客人的视线斟酒。

使用酒篮的酒品，酒瓶颈背下应衬垫一块巾布或巾纸，可避免斟倒时酒液滴出。使用冰桶的酒品，从冰桶取出时，应以一块折叠的口布护住瓶身，避免冰水滴洒弄脏台布和客人衣服。

② 托盘斟酒：中式斟酒。适宜饮料与白酒服务。多用于客人数较多、酒水品种较多的情况。

服务员站在客人的右后侧，身体微向前倾，右脚伸入两椅之间，但身体不要紧贴客人，把握好距离，以方便斟倒为宜。左手托盘向后自然拉开，掌握托盘重心，托盘不可越过宾客头顶，伸出右臂进行斟倒。斟酒动作与上述一致。

（2）斟酒顺序。女主宾—女宾—女主人—男主宾—男宾—男主人。续酒时，可不拘。

经常采用中西餐结合或中餐西吃的办法，这就使宴会服务工作更加复杂，要求更高。

1. 摆台

中餐用筷子，西餐用刀叉。我国对外宴请，如在人民大会堂为来访国宾举行国宴，既上中餐，也上西餐，因此餐桌上既摆放刀叉，也摆放筷子。因为，如果送上一道牛排，用筷子夹食，会很不方便。同样，如果是片好的烤鸭，客人宜用筷子将葱段、黄瓜条和甜面酱等夹在薄饼内，卷起来食用。

中西式结合宴会的摆台方式是：餐盘在座位正前方；盘前横放甜食叉或匙；餐盘左放叉，右放刀（数量与菜之道数一致），叉尖向上，刀口朝盘，便于先外后里，顺序取用；汤匙亦放在右边，即沙拉刀之内；面包盘在左手前方，其右旁为黄油碟及黄油刀；餐盘右前方是水杯或啤酒杯，其后依次是红、白葡萄酒杯（现下宴会上一般只供这两种酒）。中餐使用的筷子，则在食盘右侧，筷子应配筷套，并搭在筷架上。

宴会开始前5分钟，可端上菜单中规定的冷盘，斟上酒类，但饮料（如水或啤酒等）须待客人落座，征得同意后，才可斟上。餐巾通常折叠成型，平放在餐盘上或塞在水杯内。餐巾主要作用是防止食物、油渍掉落，弄脏衣服。宴会开始，有时服务员会按西餐规矩，帮助客人将餐巾铺在腿上；在北京，不少人习惯将餐巾一角压在食盘下，牵拉下来遮住双膝。餐巾不可用来擦脸、擤鼻涕，更不可用餐巾擦餐具（对主人来说，这是很失礼的行为。如餐具不洁，可要求撤换），但可用餐巾的一角，抹一抹有油渍的嘴角。主人拿起餐巾，是用餐的开始。进餐时因事离开座位，将餐巾搭在椅背或扶手上，表示还会回来，而将餐巾放在餐桌上，就是退席的表示，服务员会将使用过的餐具收走。

2. 热毛巾

中餐特有。有的热毛巾还洒香水，故称香巾。热湿毛巾盛放在瓷碟或小竹篮中，供客人就餐中擦手用。由于餐桌上摆放东西多，为保证每人都有毛巾，可考虑将两块毛巾并列摆在一起。更讲究的场合，会上两次热毛巾，即落座后，送上第一道热毛巾，用于擦脸、擦手；宴会结束，再次送上毛巾，则是用来擦嘴，不可擦脸、擦汗。

3. 水盂

宴席上手持食品，如龙虾、田鸡等，需配水盂，内盛清水，可能漂有花瓣。客人食用上述食品后，手指上沾有油渍，可在盂中轻轻涮一下手指，用餐巾擦干。不可在盂内洗手、洗脸。水盂放在食盘右前方。

4. 布菜

菜序是：冷盘—汤—热菜—甜食—水果。服务员布菜，先客人后主人，先女宾后男宾，先主要客人，后其他客人。如一桌仅一名服务员，也可从主人右侧的客人开始，依次按顺时针方向布菜。上菜时，应处于客人左侧，以左手托盘，右手布菜。一道菜吃完,可问客人:"是否需要再添一点?"

客人食毕,用过的餐盘、刀叉需从客人右侧及时撤下。撤餐具前,一定要注意客人是否已经吃完,其标志是,刀叉已经并拢,平放在餐盘上。如个别客人忽视这项礼节,影响下一道菜进度,服务员可向前提醒:是否需添加已经吃过的那道菜? 如得到否定回答,就可再问,可否撤换新盘? 斟酒我们常讲"满杯敬人",其实在酒会上,不讲究将酒杯斟得过满。一般认为,烈性酒酒杯小,斟至八成为好,葡萄酒斟至五成为宜。酒杯太满,与人干杯,固然豪爽,但是少了文雅;而酒太少,又会显得寒酸、没有诚意。

斟酒顺序是,先客人后主人,先女士后男士。与布菜不同的是,服务员斟酒应在客人右侧进行,上身微前倾,左手下垂,右手持瓶,露出酒瓶上商标。为卫生起见,瓶口不碰酒杯口,还应避免酒水洒在瓶外。

祝酒讲话时,应有一名服务员端酒侍立主人身后。讲话毕,将酒递上,以备主人为大家干杯。当主人离席敬酒时,服务员也需持酒跟随主人,不时续酒。在宴会中,客人杯中酒水剩下少于1/3时,应及时补充。

第三部分

案 例 篇

第八章

休闲宴会台面设计案例集锦

案例一：曲院风荷

该宴会台面设计背景以西湖十景中的"曲院风荷"景点内的荷花为主景,在炎炎夏日,运用此台面设计会给人一股清凉的感觉(图8.1)。

宴会台面以绿色为主色调,台面运用含苞待放的荷花给人以清新淡雅之感,高档纯白色台布为底,配以鲜绿色餐巾和同色系的荷花丝绸为餐椅纱巾,餐具选用墨绿色的南宋官窑,绿色粉色色彩搭配合理,与窗外景色浑然天成,使人身临其境,欣赏到"接天莲叶无穷碧,映日荷花别样红"的迷人景色。

图8.1 曲院风荷(浙江西子宾馆提供)

案例二：秋色宜人

该宴会台面设计背景以一年四季中的"秋意"为主景,在金秋时节,运用此台面设

图8.2　秋色宜人（浙江西子宾馆提供）

计会给人一叶知秋的印象（图8.2）。

　　宴会台面以咖啡色为主色调，台面运用黄色枫叶给人以秋意浓浓的感觉，高档纯白色的台布为底，配以咖啡色餐巾和同色系竹子丝绸为餐椅纱巾，餐具选用古朴的木雕窗格为底盘，配以洁白的骨瓷，古典的毛笔搁架，假山枫叶修饰于其中，与厅堂古色古香的环境相得益彰，彰显出高雅的风格。

案例三：江南情愫

　　该宴会台面设计背景以小桥流水的江南风格为主景，在高档休闲宴会上运用此台面设计会给人庄重和高雅的感觉（图8.3）。

　　宴会台面以咖啡色和绿色为主色调，高档纯白色的台布为底，配以咖啡色餐巾和金黄色古朴丝绸为餐椅纱巾，台面运用洁白的小石块铺成小路，运用青苔铺成绿草如茵草坪，仙鹤挺立，镂空花瓶，假山鲜花修饰于其中浑然天成，餐具选用古朴的木雕窗格为底盘，透露着浓浓的江南婉约，安静悠然。

案例四：江南茶韵

　　该台面设计背景以"茶道艺术"为主景，在春意盎然的春天，运用次台面设计会给人以清新恬静的感觉（图8.4）。

图 8.3　江南情愫（浙江西子宾馆提供）

图 8.4　江南茶韵（浙江西子宾馆提供）

宴会台面以绿色为主色调，高档纯白色的台布为底，配以翠绿色的餐巾和墨绿色的纱质为餐椅纱巾，古色古香的茶海、茶具，新鲜的西湖龙井茶叶散落在竹席上，娇嫩欲滴的鲜花、嫩绿的绿草修饰其中，将茶道艺术淋漓尽致地展现在餐桌上，给人以活灵活现的动态美感。

案例五：西湖印象

该宴会设计背景以"西湖印象"为主景，在国宴中，运用此台面设计会将整个西湖印象淋漓尽致地展现在外国友人的眼前，给人以台面看西湖景色的空间美感（图8.5）。

宴会台面以绿色为主色调，以黄色为基调，高档纯白色的台布为底，配以咖啡色餐巾和墨绿色的纱质为餐椅纱巾，运用南瓜雕刻成"雷峰夕照"的雷峰塔、"三潭印月"的三个石塔、"苏堤春晓"的苏堤，假山鲜花修饰于其中，绿色中透露中金色的高贵，利用镜面将景色倒影在台面上，将西湖十景中的三景展现得淋漓尽致，诱人可口的开胃头盘摆放在餐位前，整个台面非常饱满诱人。

图8.5　西湖印象（浙江西子宾馆提供）

案例六：五谷丰登

该宴会台面背景以"丰收"为主景，在金秋十月，运用此台面设计给人以丰收的喜悦（图8.6）。

图8.6 五谷丰登（浙江西子宾馆提供）

宴会台面设计以黄色和红色为主色调，台面以高档纯白色的台布为底，配以古朴的木质椅，餐具选用"福"餐盘，台面运用金灿灿的稻谷、南瓜、草垛、锣鼓，给人以一幅喜庆的画面，渲染农民秋收时的宏大场面，感受劳动的甘甜、丰收的喜悦。

案例七：品味汪庄

该台面设计背景以"品味汪庄"为主景，运用此台面设计展示本宾馆汪庄的特色典雅和安静（图8.7）。

宴会台面设计以墨绿色为主色调，台面以高档纯白色的台布为底，配以咖啡色的餐巾和墨绿色的纱质为餐椅纱巾，从远处看去只见一缕青烟从雕刻的小楼中缓缓升起，给人以一种进入仙境的感觉，整个台面用汪庄十景图的镜面做餐盘，用餐者享受的不是美食而是一种身临其境之感。

案例八：回家

此台面设计背景以"同在异乡为异客，每逢佳节倍思亲"为主景，运用此台面设计使人产生一种思念家人之情（图8.8）。

宴会台面设计以深绿色为主调，台面以高档香槟色的台布为底，配以白色餐巾和

图8.7　品味汪庄（浙江西子宾馆提供）

图8.8　回家（浙江西子宾馆提供）

白色丝绸竹子图案为椅背纱巾，餐具选用古朴器皿，整个台面以两位老人坐在一起看望远方，似乎在等待儿女的归来为主景，让人情不自禁涌起浓烈的思乡之情。提醒宴会中的宾客多关爱老人，常回家看看。

案例九：聆听

此台面设计背景以"西式休闲宴会"为主景，在西餐中，运用此台面设计会给人以安静悠然的感受（图8.9）。

宴会台面设计以黑白色为主色调，以高档的纯白色西餐桌布为底，配以黑色座椅，餐具选用黑色华光餐盘，整个台面黑白为主，简单又浪漫，看着一个个立体的小音符，似乎充满着喜悦跳动在整个台面中间，给人一种欢快愉悦的心情，伴随着小提琴的美妙音乐，用餐气氛高雅庄重。

图8.9 聆听（浙江西子宾馆提供）

案例十：江南古韵

此台面设计以"江南特色"为主景，在国宴中，运用此台面设计彰显江南的古色古香（图8.10）。

宴会台面设计以绿色为主色调，选用高档纯白色的桌布为底，配以翠绿色餐巾和墨绿色的纱质为椅背纱巾，以古典的博古架为台面主景，古代器皿搁置在上面，古朴中不失高雅，以鲜花绿叶修饰其中，尊荣中透露着江南水乡的婉约，诱人可口的开胃头盘摆放在餐位前，给人以美景与美味的视觉冲击。

图 8.10　江南古韵（浙江西子宾馆提供）

第九章 休闲寿宴设计案例

一、宴会主题的确定

　　此次休闲宴会是为一位80岁的老人做寿而举办的。宴会的主题为：蟠桃献寿。蟠桃乃西王母所种之仙果，食之可延年益寿。在蟠桃成熟时，西王母就举行蟠桃宴会，邀请所有的神仙到宫中来品尝。仙人手持蟠桃寓意献寿。《临江仙·寿老人》："戏采捧觞真乐事，蟠桃献寿千春。"此宴会以"寿"为主题展开，从背景布置到桌面的花台设计，再到餐具装饰，再到服务员的流程始终围绕"福寿"进行，体现了祈愿老人冀衍耄耋、福寿绵长的美好心愿，体现了中华民族传统孝文化（图9.1）。

图9.1　宴会整体设计展示（杭州西湖国宾馆提供）

二、宴会环境设计

此次寿宴是一场40人分餐形式的宴会，选用了酒店一个长20米，宽16米，面积在320平方米左右的多功能厅作为用餐的场地，多功能厅有一个固定小型舞台，根据场地大小和用餐的形式采用了椭圆桌型。由于人数较多，为达到座位的舒适度桌子按比例放大到长13.3米，宽4米。

图9.2　舞台背景展示（杭州西湖国宾馆提供）

图9.3　祝寿蛋糕展示（杭州西湖国宾馆提供）

舞台上根据尺寸大小专门设计定制以"寿"为主题的背景板（图9.2），背景板的设计寓意也十分鲜明，以鲜红的背景底色作衬托，中间一个超大"寿"字下方围着8颗红心，孩童们开心地托着重重的寿桃显现出浓浓的祝福，舞台下的八层蛋糕（图9.3），又充分说明了此场宴会是80寿辰，中西式的完美结合。红色圣诞花紧密摆放在背景板下方，两只花篮在舞台上起到了画龙点睛的作用，使现场更加饱满更加喜庆更加生动。

现场准备了《喜洋洋》《喜庆的日子》《花好月圆》《彩云追月》等一些欢快的民乐作为背景音乐，另外单独准备了《生日快乐》歌作为场中祝福的歌曲。

从整个桌面来看,餐巾、椅子装设、菜单,都是选用红色为基调,体现了现场热烈祥和的气氛,而黄色的蔬果雕点缀其中,它有着金色的光芒,是帝王御用的颜色,象征着尊贵。色彩的搭配给人以强烈的视觉冲击力,创造了喜庆、隆重的寿宴氛围(图9.4)。

所选用的装设盘以白色方盘做底(图9.5),上覆盖一层圆形"福"字样的窗贴,希

图9.4　台面设计展示(杭州西湖国宾馆提供)

图9.5　餐盘设计展示(杭州西湖国宾馆提供)

望老人福如东海，也希望每位嘉宾"福"伴终生。外方内圆又寓意着寿星此生外表刚直、内心圆润的好秉性。餐前的一碟冬枣又称仙枣，相传，秦始皇及汉武帝在位时就是寻找这种果实祈求长生不老。苹果是希望在座贵宾此生都能平平安安，又增添了一份吉祥、喜庆的浓厚氛围。

台面选用了蔬果雕、寿桃、古针松等进行创作设计（图9.6、图9.7、图9.8）。象征着

图9.6　花台设计展示——老寿星（杭州西湖国宾馆提供）

图9.7　花台设计展示——寿桃（杭州西湖国宾馆提供）

图9.8　花台设计展示——古针松（杭州西湖国宾馆提供）

长寿、吉祥的南极仙翁老寿星，是家家户户都欢迎的吉祥神，慈眉善目的老寿星满足了人们健康长寿的美好愿望。一只只惟妙惟肖的仙鹤停落在古针松上，老寿星旁。寿桃是汉族神话中可使人延年益寿的桃子，神话中，西王母娘娘做寿就是设蟠桃会款待群仙。

　　餐巾折花，选用大红色的餐巾为寿星及夫人折叠我们熟知的寿烛花型，希望老人延年益寿。

四、宴会菜单设计

菜单选用立式的红木屏风，沉重的红木配以红底黄字显得既庄重又隆重（图9.9）。

菜单主题：蟠桃献寿

冷盘：延年益寿冷菜盘

热菜：万寿延年寿桃盏、吉庆鱼茸刺参盅、福星高照皇牛排（图9.10）

　　　祥龙献瑞白鲈鱼、鸿运当头阳澄蟹、良辰美景上素拼

点心：长寿富贵手工面（图9.11）、五福临门干捞饺

水果：金玉满堂生鲜果

五、休闲宴会流程设计

宴会中途（第四道热菜上完后），告知宾客即将关闭一会儿灯光，八位唱着生日歌

的服务员（图9.12），手捧鲜花从后台款款走来，走到寿星旁，两边各一对男女服务员拉开对联轴，女服务员蹲下，男服务员拉挺拉高卷轴，共同齐声祝福："寿比南山不老松，福如东海长流水。"另两名女服务员又拉开横批"××，生日快乐"，恭祝寿星生日快乐（图9.13），促使现场气氛达到高潮。

图9.9　菜单展示（杭州西湖国宾馆提供）

图9.10　福星高照皇牛排（杭州西湖国宾馆提供）　　图9.11　长寿富贵手工面（杭州西湖国宾馆提供）

图 9.12　祝寿（杭州西湖国宾馆提供）

图 9.13　祝寿（杭州西湖国宾馆提供）

第十章　休闲商务宴会案例——莲宴

一、宴会主题的确定

此次宴会的主题为："风雅江南，莲宴迎宾。""江南风景秀，最忆在碧莲。婀娜似仙子，清风送香远。"这首诗是周敦颐的《忆莲》。周敦颐是中国宋代思想家，原名敦实，字茂叔，号濂溪，道州营道县（今湖南道县）人。周敦颐是我国理学的开山祖。他酷爱雅丽端庄、清幽玉洁的莲花，曾于知南康军时，在府署东侧挖池种莲，名为爱莲池，池宽十余丈，中间有一石台，台上有六角亭，两侧有"之"字桥。他盛夏常漫步池畔，欣赏着缕缕清香、随风飘逸的莲花，口诵《爱莲说》。自此莲池名闻遐迩。此休闲商务宴会主题以"莲"为主题展开，从背景布置到桌面的花台设计，再到餐具装饰，再到服务员的流程始终围绕"莲"进行，体现了江南风雅、人文的古韵，也寓意着迎接各位风雅之士的到来。

二、宴会环境设计

此次宴会是一场10—16人的商务宴请，采用圆桌台面。花艺搭配设计、用餐台型、音乐设计、员工服饰设计、香氛等都围绕着中国元素展开。员工服饰以中式旗袍为主，旗袍图案为青花瓷，体现了江南女子秀丽典雅的一面。现场伴随着中式乐曲古筝配奏，和台面上香炉的青烟袅袅、瓣瓣莲花、金色莲蓬相映成趣（图10.1、图10.2、图10.3、图10.4）。

三、宴会台面设计

宴席所选取的所有摆具包括台布餐巾，无论在颜色、形状还是风格上都以"莲"为主要元素，传递着江南风雅、人文的古韵，也意喻着迎接各位风雅之士的到来（图10.5、图10.6）。

台面上香炉青烟袅袅，瓣瓣莲花和金色莲蓬相映成趣（图10.7、图10.8）。

在宴会开始前，沏上一壶好茶，伴着阵阵古檀香，将人们带入了似真似幻的美景之

图 10.1 莲宴环境设计（一）
（浙江世贸君澜大饭店提供）

图 10.2 莲宴环境设计（二）
（浙江世贸君澜大饭店提供）

图 10.3 莲宴环境设计（三）
（浙江世贸君澜大饭店提供）

图 10.4 莲宴环境设计（四）
（浙江世贸君澜大饭店提供）

图 10.5 莲宴台面设计（一）
（浙江世贸君澜大饭店提供）

图 10.6 莲宴台面设计（二）
（浙江世贸君澜大饭店提供）

第十章 休闲商务宴会案例——莲宴

图 10.7　莲宴台面设计（三）　　　　　　　图 10.8　莲宴台面设计（四）
（浙江世贸君澜大饭店提供）　　　　　　　（浙江世贸君澜大饭店提供）

图 10.9　莲宴台面设计（五）　　　　　　　图 10.10　莲宴台面设计（六）
（浙江世贸君澜大饭店提供）　　　　　　　（浙江世贸君澜大饭店提供）

中。使我们的宾客能够暂且放下世事纷扰，回归心灵的宁静，用心感受这茶、花、香的禅意。与之搭配的是从二十多种颜色中精选而出的手工印染台布，这绝无仅有的江南土布传递着自然、古朴的味道，也喻示着人们追求返璞归真的高雅情操。置于其上的各式手绘瓷具都自景德镇特别烧制而来，每一个都不尽相同，再配上挥墨其中的莲花，顿生灵动，令人赏心悦目。一旁书画卷轴式的菜单，所有菜式都选莲为食材，取莲为名，这书与画的完美结合又为这江南雅致再添风韵（图10.9、图10.10）。

　　整个台面的设计与布置在江南低调而儒雅的格调中，成为中国传统文化与餐饮文化的完美结合，其中崇尚健康、环保、和谐的意蕴，更是人们对当前无限奢华的餐饮消费的一种朴素回归。

　　悠悠古曲，焚一缕馨香，觥筹交错间令人顿生遐想。高山清韵、流水细语，一袭布衣、薰香抚琴，莲宴为引、欲语不语，风雅江南、莲宴迎宾（图10.11、图10.12）！

图 10.11　莲宴迎宾（一）（浙江世贸君澜大饭店提供）

图 10.12　莲宴迎宾（二）（浙江世贸君澜大饭店提供）

四、宴会菜单设计

菜单主题：荷塘月色

冷盘：荷塘月色拼

热菜：鲜荷炖水鸭、莲子炒虾仁、荷香桂花鱼、葵花扣鲜莲

点心：香煎脆藕饼、翡翠莲子糕

水果：红糖鲜莲蓬

菜单设计如图10.13所示。

图10.13　菜单设计（浙江世贸君澜大饭店提供）

五、娱乐节目设计

中式乐曲古筝配奏：采莲曲。

"江南可采莲，莲叶何田田，鱼戏莲叶间。鱼戏莲叶东，鱼戏莲叶西。鱼戏莲叶北，鱼戏莲叶南。"乐曲描绘了江南采莲的热闹欢乐场面，从穿来穿去、欣然戏乐的游鱼中，我们似乎也听到了采莲人的欢笑，为宴会增添了喜庆的氛围（图10.14）。

图10.14　古筝配奏（浙江世贸君澜大饭店提供）

第十一章 休闲养生宴案例——雨林芭蕉宴

一、宴会主题的确立

此次宴会是接待国内知名养生班而举办的一场15人养生宴。宴会的主题为：雨林芭蕉宴。有这样一群人，为了家人、为了工作而不知疲倦，他们拥有高贵的灵魂，却付出了自己的健康，如今他们在专业养生团队的带领之下来到养生福地——七仙岭君澜度假酒店，呼吸着最纯净的空气，拥抱最原始的热带雨林，吃着最精制的素食，体验着最热情的欢迎仪式。此宴会主题以"雨林养生"为主题展开，从现场环境布置到桌面的装饰及菜单的设计，都体现出热带雨林特色。

二、宴会环境设计

此次宴会场地在醉风草堂的"沐云台"餐厅，是一场15人的围桌宴。沐云台为半封闭式餐厅，外面的雨林植物、参天大树清晰可见，员工的着装具有当地浓郁的黎苗特色。地面铺上一层厚实的热带雨林植物的枯叶，点缀蜡烛，踩在叶子上，感觉置身于热带雨林，拥抱着原始大自然（图11.1）。

三、宴会台面设计

餐桌主题插花选用"瓜果飘香"主题，用园区的竹子制成水果篮并装饰各种雨林水果，原始的热带雨林除了珍奇的热带植物以外，还有丰盛的热带水果，让人食欲大振。椅背采用园区的芭蕉叶做装饰，让其感觉如同雨林盟主一般（图11.2）。

味碟、骨碟、汤碗、汤勺、筷子、筷架、杯具等一系列餐具的设计紧密贴合中药的主题。将中药的LOGO印在骨碟上。一桌十套，每套餐具的LOGO均不相同（图11.3）。

四、宴会菜单设计

菜单采用热带雨林植物五指叶，并点缀少许鲜花，让人眼前处处有鲜花美景（图11.4）。

精制的养生素食，为您的身体健康搭配（图11.5）。

菜单：

捞叶煎土鸡蛋、脆烤五五脚猪、白切六弓鹅、槟榔花猪手煲鸡、香炸石灵鱼、生炒小黄牛、薏米瓜皮炖五脚猪排、脆炒藕夹、百合银杏炒秋葵、尖椒雷公笋、黑松露浸野菜、鸡屎藤拼三色糕、热带水果盘、精美四小碟

五、娱乐节目设计

热情好客的黎苗同胞用最原始的敬酒仪式来欢迎远方的客人，敬酒时一手端槟榔，一手拿起本地的山兰酒，双手交叉将酒杯端给客人，而客人同时也是双手交叉地接着槟榔与山兰酒，槟榔是黎家招待贵宾的最高礼遇，是吉祥如意的象征，淳朴的仪式促使现场气氛达到高潮（图11.6）。

图11.1　雨林芭蕉宴环境设计（海南七仙岭君澜度假酒店提供）

图11.2　台面设计（海南七仙岭君澜度假酒店提供）

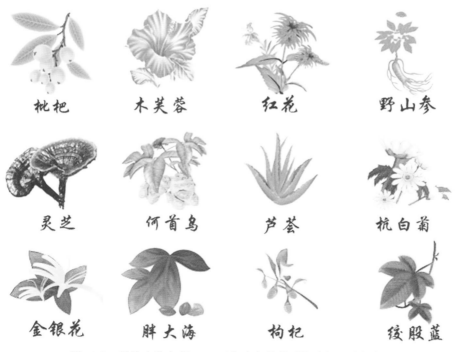

枇杷	木芙蓉	红花	野山参
灵芝	何首乌	芦荟	杭白菊
金银花	胖大海	枸杞	绞股蓝

图11.3　餐具中的中药LOGO（海南七仙岭君澜度假酒店提供）

图11.4 宴会菜单设计（海南七仙岭君澜度假酒店提供）

图11.5 精致的养生素食（海南七仙岭君澜度假酒店提供）

图11.6 黎族敬酒仪式（海南七仙岭君澜度假酒店提供）

第十一章 休闲养生宴案例——雨林芭蕉宴

第十二章 休闲地方文化宴——青花瓷宴

一、宴会主题的确定

原始青花瓷于唐宋已见端倪，成熟的青花瓷则出现在元代景德镇的湖田窑。明代青花成为瓷器的主流。清康熙时发展到了顶峰。明清时期，还创烧了青花五彩、孔雀绿釉青花、豆青釉青花、青花红彩、黄地青花、哥釉青花等衍生品种。

明清时期是青花瓷器达到鼎盛又走向衰落的时期。明永乐、宣德时期是青花瓷发展的一个高峰，以制作精美著称；清康熙以"五彩青花"使青花瓷发展到了巅峰，清乾隆以后因粉彩瓷的发展而逐渐走向衰退，虽在清末（光绪）时一度中兴，最终无法延续康熙的盛势。总的说来，这一时期的官窑器制作严谨、精致；民窑器则随意、洒脱，画面写意性强。从明晚期开始，青花绘画逐步吸收了一些中国画绘画技法的元素。

此场宴会的灵感来源于这些美丽陶瓷的故事，青花瓷不但是中国的象征，而且是多种文化杂糅催生，就像我们的宴会，同样用青花瓷作为元素，既能成就之前浓墨重彩的一场新中式，也能展现青花瓷的欧式典雅。虽然是常规的青花元素，但是却因其表现的风格而显得别致起来。设计上采用了中西合璧的方法，运用中式的元素，搭配欧式结构。餐桌以及会场设计运用了青花花器加各种花材，整个会场都呈现了古典与优美。

二、宴会环境设计

宴会举办场地在风景优美的地方，周围环绕着大自然秀丽的风光。整体形象以背景音乐为依据，在背景音乐描绘下打造出一曲江南风光，宛如一幅烟雨朦胧的江南水墨山水，清新典雅（参考《青花瓷》等歌曲）。

外场区域采用青花瓷盘作为灵感。青花瓷盘元素运用到会场每个地方，此处可能用来介绍宴会菜品。充满艺术风格的青花瓷盘花门一定会成为贵宾们的最佳合影背景，可爱瓷盘门的设计在诸多的优美中带入了一丝的小俏皮，背景采用了青花瓷纹的布料，与前面拱门巧妙融合、相互辉映（图12.1）。

图 12.1　青花瓷门（江苏欧堡利亚大酒店提供）

第十二章　休闲地方文化宴——青花瓷宴

三、宴会台面设计

一曲《青花瓷》道尽了斯物真味："你隐藏在窑烧里，千年的秘密，极细腻，犹如绣花针落地。帘外芭蕉惹骤雨，门环惹铜绿，而我路过那江南小镇惹了你，在泼墨山水画里，你从墨色深处被隐去。"台面的设计是将青花瓷的清新淡雅和中餐文化相结合，突出中国餐饮文化的博大精深。青花瓷的选用，表现出中国文化的古典美，历史文化的渗透乃至传承，江南不仅素以鱼米之乡、风景秀丽著称，重文化也是江南的传统之一，所以我们宴会体现的就是博大精深中餐文化和江南文化的完美结合。

桌旗椅背和桌上鲜花、餐具等，处处体现着青花瓷元素。餐桌花使用青花瓷瓶，搭配白色系鲜花，鲜花与瓷器相得益彰，美妙绝伦（图12.2）。

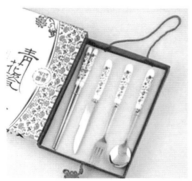

第十二章 休闲地方文化宴——青花瓷宴

图 12.2　宴会台面设计（江苏欧堡利亚大酒店提供）

第十二章　休闲地方文化宴——青花瓷宴

四、宴会菜单设计

冷菜：醉卧江南君莫笑（南卤醉虾）

　　　柳边疏雨绿蓑衣（小黄瓜蘸酱）

　　　千里莺啼绿映红（花雕醉香鸡）

　　　泛泛轻舟莲叶歌（莲子核桃糊）

热菜：鲈鱼千头酒百斛（铁板鲈鱼）

　　　日出江花红胜火（蛋黄青蟹）

　　　停晚相似在渔歌（蟹汁鲑鱼）

　　　小荷才露尖尖角（荷塘小炒）

　　　水中倒卧南山绿（上汤娃娃菜）

　　　江上团团贴寒玉（东坡红烧肉）

　　　水中绿雾起凉波（西湖莼菜汤）

　　　纵使归来花满树（蒜蓉蒸扇贝）

小吃：山寺月中寻桂子（西湖桂花糕）

　　　波间露下叶田田（香甜糯米藕）

　　　菜样如图12.3所示。

图12.3　宴会菜点（江苏欧堡利亚大酒店提供）

第十二章　休闲地方文化宴——青花瓷宴

五、宴会流程设计

在宴会举行中，穿着青花旗袍的少女（图12.4）搭配古筝茶艺等表演。茶叶，在水的浸润下舒缓地展开，如绿衣舞者。杯中的汤散发出幽香，淡淡的却沁人心脾，古筝那优美动听的旋律，会把你带到远古，使你思绪宁静，即便是听完，也觉余音切切，回味绵长。

（1）宴会开始，上冷菜，进行青花瓷扇子舞表演（图12.5）。

（2）接着上热菜，在上热菜时，进行古筝演奏《雨碎江南》环节（图12.6）。

（3）古筝演奏结束后，进行猜灯谜环节，大家可以举手抢答，答对有奖，奖品是一把扇子（图12.7）。

（4）灯谜结束后，进行对对联环节，对出对联者可以获得一套文房四宝。

（5）之后可以进行行酒令、书法比赛、剪纸比赛。

（6）然后上汤，上汤时进行沙画表演。沙画《江南水乡》，客人可以一边品汤，一边看沙画表演。

（7）最后上小吃，茶道表演。

（8）宴会结束。每人会在宴会结束时收到一份青花瓷纪念品。

图12.4　穿青花旗袍的少女

图12.5　青花瓷扇子舞

图12.6　古筝演奏

图12.7　猜灯谜

第十三章 休闲便宴设计案例
——文采飞扬,笔墨生香宴

一、宴会主题

此次宴会是为书法家协会会员举办的一个12人中式晚宴,宴会的主题为：文采飞扬,笔墨生香。

二、宴会环境设计

此次宴会是一场12人分餐宴会,采用圆桌台面。选用开放式包厢,一面可观大海磅薄之势,一面可看园林灵秀之姿,恰如笔下变化。音乐由古筝师现场弹奏,曲目选择为：渔舟唱晚、高山流水、广陵散、汉宫秋月等古典雅致曲目,与宾客气质相符。服务员着白底青花旗袍(图13.1),与所选用青花瓷餐具辉映。包厢香氛选用淡雅沉香。

图13.1 环境设计(海南香水湾君澜大酒店提供)

三、宴会台面设计

桌裙选用米白色围裙，桌布选择蓝色，整个色调都以蓝色和白色为主，椅子选用与包厢沙发同色系的棕色宴会椅，古朴而庄重，色彩的搭配柔和，营造了典雅氛围（图13.2、图13.3）。

所选用的餐具为青花瓷（图13.4）。青花瓷，又称白地青花瓷，常简称青花，是中国瓷器的主流品种之一。青花是运用天然钴料在白泥上进行绘画装饰，再罩以透明釉，然后在高温1 300摄氏度上下一次烧成，使色料充分渗透于坯釉之中，呈现青翠欲滴的蓝色花纹，显得幽倩美观，明净素雅。青花是中国最具汉族民族特色的瓷器装饰，是釉下彩瓷的一种，也是中国陶瓷装饰中较早发明的方法之一。选用青花餐具既与整体色调符合，同时也与宴会主题及宾客气质和谐。

台面布置选用了文房四宝（图13.5、图13.6）。在我国历史文化长河中，很早就已有"文房"之称，笔、墨、纸、砚则被誉为"文房四宝"。在用于书法、绘画的文化艺术工具中，仅这四样宝，就已备受文人的喜爱。

餐巾选用白色口布叠成莲花型（图13.7），寓意白莲"出淤泥而不染，濯清涟而不妖"的高洁品格。

图13.2　宴会整体台面造型（海南香水湾君澜大酒店提供）

图13.3　休憩区域（海南香水湾君澜大酒店提供）

图13.4　摆台设计（海南香水湾君澜大酒店提供）

图13.5 文房四宝台面（一）（海南香水湾君澜大酒店提供）

图13.6 文房四宝台面（二）（海南香水湾君澜大酒店提供）

第十三章 休闲便宴设计案例——文采飞扬，笔墨生香宴

图13.7　餐巾造型（海南香水湾君澜大酒店提供）

四、宴会菜单设计

菜单设计使用折扇书写菜单（图13.8），同时成为台面装饰的一部分。菜式为：海岛献瑞时令果，君澜锦绣迎宾碟，黎家原味炖土鸡，西式芥辣九节虾，原味白玉黄牛肉，野米野生红星斑，养生时蔬三格肴，椰香砂锅香猪饭。菜少而精致，不铺张浪费。

五、娱乐节目设计

古筝师现场演奏（图13.9）。

图 13.8　宴会菜单（海南香水湾君澜大酒店提供）

图 13.9　古筝师现场演奏（海南香水湾君澜大酒店提供）

第十四章 休闲"冠礼宴"宴会设计

一、宴会主题确定

　　这次宴会的设计主要是根据大学生作为一个即将毕业迈入社会的特殊群体,有着类似所谓的就业恐惧症或是压力的情况下,而特别为该班级设计的一场宴会。宴会的主题为"冠礼宴",以一种仿效古代成人礼的形式,还原古代人们冠礼以及学生给老师和家长奉茶的仪式,来增强学生的使命感、责任感,给予他们向前迈进的信心。冠礼是我国汉民族传统的成人仪礼,是汉民族重要的人文遗产。在历史上,它对于个体成员成长的激励和鼓舞作用非常之大。其实它对我们生命过程的影响力,远远超过当今流行的所谓"成人仪式"。华夏先祖对于冠礼非常重视,所谓"冠者礼之始也",《仪礼》将其列为开篇第一礼,绝非偶然。

　　"礼"是中华传统文化的核心要素,是一种寓教于"美"的文明教化方式,是我们民族特有的人文传统。举办大学生"冠礼宴",可以帮助大学生明确社会责任,以此进一步加强青年学生的社会责任意识,帮助青年学生树立正确的世界观、人生观和价值观,从而追回传统的道德底蕴,重塑民族认同感。

　　图14.1和图14.2为此次宴会邀请函设计。

图14.1　女生邀请函封面　　　　　　图14.2　男生邀请函封面

图14.3　邀请函内侧

二、宴会菜单设计

围绕我们设计的"冠礼宴"为主题,菜单的设计总体上符合本次宴会设计的中国古典儒家风格。

两道主菜为重点:一道是"冠礼宴宾",一道是"冠笄礼宾",两道菜分别诠释了冠礼以及及笄两个重要的名词,也点明了本次宴会设计中最重要的流程——冠礼仪式。

冠礼宴宾(佛跳墙)(图14.4):

儒学经典《礼记》中记载:古代男子十八岁举行成年礼,又称"冠礼",要用最好的美味宴请宾客。共同祝福:抛弃稚气,修成德行,长寿吉祥,洪福远大。冠礼宴宾选用高档海产品为营养原料,采用传统方法秘制,食之汤汁鲜醇,营养丰富,是非常畅销的一道特色菜。

冠笄礼宾(金瓜贝汁)(图14.5):

此菜是孔府喜庆节日、家宴中的常用菜品之一。是以干贝、南瓜为烹制原料,南瓜呈金黄色,寓意高贵身份,故又称金瓜贝汁。具有养颜美容、延缓衰老的作用。

冠笄礼宾为汉族女子的成年礼,俗称"上头礼"。自周代起,规定贵族女子在十五岁以后,订婚(许嫁)后出嫁之前行的一种礼节称"笄礼"。在行笄礼时改变幼年的发式,将头发绾成一个髻,然后用一块黑布将发髻包住,随即以发簪插定发髻。贵族女子受笄后,就可以嫁人,同时接受成人教育,学习"妇德、妇容、妇功、妇言"等。

Xiu Xian Yan Hui She Ji Lun Fang Fa He An Li

第十四章　休闲"冠礼宴"宴会设计

除两道主菜之外，有八道冷菜，合成"吉祥八味"，分别是"好事成双""福禄双全""吉祥团圆""辛勤耕耘""东篱采菊""君子之道""窈窕淑女"和"道同而谋"（图14.6—图14.13）。

十道热菜，采用的是全国各地的名菜佳肴，寓意着迈入社会后，踏入各行各业，遍布大江南北，希望所有人都工作顺利、前程似锦。分别为：礼尚往来、修身齐家、圆满人生、吾忧四味、功成名就、事事顺利、疏食甘乐、彩凤迎春、和而不同、俸禄官谷。

图 14.4　佛跳墙

图 14.5　金瓜贝汁

图 14.6　好事成双

图 14.7　福禄双全

图 14.8　吉祥团圆

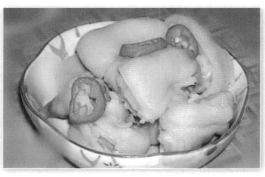

图 14.9　辛勤耕耘

图 14.10　东篱采菊

图 14.11　君子之道

图 14.12　窈窕淑女

图 14.13　道同而谋

礼尚往来（全家福）（图 14.14）：

此菜选料山珍海味交往相配，形成美味佳肴，高雅端庄，乃礼尚往来之结晶。用句孔子名言表现它的含义：往而不来，非礼也，来而不往，非礼也。

注解：礼节重在相互往来：有往无来，不符合礼节；有来无往，也不符合礼节。在人际交往中，人们之间应平等相待，互助互济。

修身齐家（葱烧刺参）（图 14.15）：

孔子曰：修身齐家治国平天下。"身"与"参"谐音，常吃刺参能强身健体，有健康

图 14.14　礼尚往来

图 14.15　修身齐家

的体魄，才能家族兴旺，国家富强。在山东当地有个习俗，把刺参作为当地款待尊贵客人必不可少的一道菜肴。

注解：获得知识后，意念才能真诚；意念真诚后，心态才能端正；心态端正后才能提升品性的修养；提升品性的修养后才能照顾好家庭；照顾好家庭后才能治理好国家；治理好国家后天下就太平了。

圆满人生（诗礼银杏）（图14.16）：

孔府诗礼堂前有两棵银杏树，千年来春华秋实，果实累累，银杏成为圣府美食。明朝弘治年，衍圣公纪念孔氏家族诗礼垂训，以诗礼传家，就赐名"诗礼银杏"，并相传至今。此菜清香甜美，柔韧筋道，可解酒止咳，成菜色如琥珀，清新淡鲜，酥烂甘馥，十分宜人，是孔府中的名肴珍品。

吾忧四味（XO石磨豆腐）（图14.17）：

此菜又称XO石磨豆腐，用黑豆及其他五谷现磨，营养丰富。孔子名言："德之不修，学之不讲，闻义不能徙，不善不能改，是吾忧也。"其口感干香软嫩。菜有四味，食后无忧愁。

图14.16　圆满人生

图14.17　吾忧四味

注解："在道德上不加以修养，在学问上不去讲习，听到合乎义理的事情不能跟上去做，有过错不能改正，这些都是我们感到忧虑的呀。"

功成名就（一掌定乾坤）（图14.18）：

此菜是名师研制的风味菜肴，选用上好的牛蹄，再配以干贝，经过多道制作工序秘制而成，饱满的色泽中透出诱人的鲜亮，香盈扑鼻，妖娆妩媚。尝一口，浓郁的蹄香直透五脏，可谓是口眼双收。一掌定乾坤富含胶原蛋白，是亮肤美容之佳品。

事事顺利（孔门豆腐）（图14.19）：

以前给孔府送豆腐的佃户，为了能长期给孔府送豆腐，在制作豆腐时加入鸡蛋和其他杂粮以体现豆腐的独特，后经府厨加入调料制作成美味菜肴，让衍圣公品尝，觉得味道不错。有一年乾隆来曲阜，孔府摆设豆腐宴敬奉皇上，皇上很感兴趣，吃得十分可口，对孔门豆腐大加赞赏。

疏食甘乐（甜蜜蜜）（图14.20）：

图14.18　功成名就

图14.19　事事顺利

又称甜蜜蜜,突出造型美观,软糯香甜,别具风格,素有"天然维生素"之称。孔子名言:"饭疏食,曲肱而枕之,乐亦在其中矣。不义而富贵,与我如浮云。"吃粗粮,乐在其中,享用自己创造的财富,才是真正的幸福。

注解:"吃粗粮,喝白水,弯着胳膊当枕头,乐在其中。用不正当的手段得来的富贵,对于我来讲就像是天上的浮云一样。"寓意告诉大家:一味地追求吃穿享受,所造成的后果就是很容易导致不义的行为。自己私欲的极度膨胀,必然要与他人争夺有限的物质资源,必然要想方设法地为了满足自己私欲而大行不义之事。但是通过不义的行为而获得的富贵是很不稳定的。你怎么得到的,最终也会怎么失去。

彩凤迎春(湛江本地鸡)(图14.21):

中国人讲究无鸡不成宴,宴席上怎么少得了美味可口的鸡呢?把鸡蛋和鸡一起做成菜,也寓意着一家团聚,欢乐满堂。

湛江旧称"州湾",与茂名、阳江等地饮食习惯相通,湛江菜属粤西菜之列,讲究粗料精制,原汁原味。湛江本地鸡一度风行广州食肆。正宗的湛江鸡选自湛江信宜县吃谷米和草长大的农家土鸡,是生长速度慢或生下头一窝蛋的小母鸡,这样的鸡肉质纤维结实,易积聚养分。做好的鸡外表金黄油亮,入口皮爽肉滑,香味浓郁,再加上一碟香油蒜汁蘸料,"惹味"得很!

和而不同(菠菜糕)(图14.22):

图14.20　疏食甘乐

图14.21　彩凤迎春

Xiu Xian Yan Hui She Ji Li Lun Fang Fa He An Li

此菜是把菠菜和肉皮冻两种不同的原料混合在一起，产生不同的颜色，不同的质感；所配食的小料中芥末与芝麻酱混合在一起，产生不同的口感，名曰"和而不同"。与孔子名言相辅相成：君子和而不同，小人同而不和。此菜也被宾客戏称为"水立方"。

　　注解：君子在人际交往中能够与他人保持一种和谐友善的关系，但在对具体问题的看法上却不必苟同于对方；所谓"同而不和"则是指小人习惯于在对问题的看法上迎合别人的心理、附和别人的言论，但在内心深处却并不抱有一种和谐友善的态度。

　　俸禄官谷（豌豆年糕）（图14.23）：

图14.22　和而不同

图14.23　俸禄官谷

　　孔子名言：邦无道，谷，耻也。此菜口感麻辣咸香，深受顾客的喜爱。

　　注解：当国家兴盛的时候，只拿薪水却庸碌无为，这不可以；当国家衰乱的时候，只拿薪水却不能救国家于危难，这也不可以。豌豆乃谷类粗粮，古代的俸禄是"谷"，寓意君子做事在自己的工作岗位上切实担负起责任，将庸碌无为视为耻辱。用自己的行动体现自我价值和完成工作任务，唯有如此才可以真正将治庸落到实处。

　　最后三道点心和一道水果拼盘是：三羊开泰、六艺饼、鸿运冻、龙翰凤翼，分别是对老师、家长和学生美好的寄予和展望（图14.24—图14.27）。

　　六艺饼：孔子一生崇尚礼、乐、射、御、书、数六艺。六艺饼依据孔子商周礼，谙六律，射猎奇，游列国，编春秋，识天理制成。寓意：六合六意，六型六技，六品六味。代

图14.24　三羊开泰

图14.25　六艺饼

图14.26　西瓜冻　　　　　　　　　　　　　图14.27　龙翰凤翼

表吉祥如意,和谐之美,多才多艺,德才兼备。

西瓜冻:此菜消夏爽口,是在孔府家的夏季宴席上,最受人喜欢的一道凉菜。当年第75代衍圣公孔祥珂为制作此菜而花费大量银两修建冰窖,冬天时,差使劳役采集冰块存放在冰窖中密封备用。

菜单封面展示如图14.28、图14.29所示。

图14.28　菜单封面(一)　　　　　　　　　图14.29　菜单封面(二)

三、场地与台面设计

1.场地设计

"冠礼宴"以深厚的中华传统文化为基础,以汲取尊师重学的思想精华,感恩父母多年辛勤养育为主题。设计舞台长为10米,宽3.6米,高40厘米,上铺红色地毯。在距离舞台3米处放置一个巾帽桌和茶席桌,两桌距离2米。

依次摆放2个主桌,主桌为1号和2号。其他依次是3、5、6、7、8、9、10、11号,呈V

字型展现。餐桌两侧分别放置乐席和签到席。舞台右侧10米设置一个更衣室。

主桌，中餐圆桌直径2米，一体金色台盖，直径3.3米，直径1.2米转台一块，8寸金边瓷器看盘，银质毛巾托、筷架、银勺、银头筷子、金质口布环、白色口布、烟灰缸、牙签。

来宾桌，中餐圆桌直径1.8米，一体红色台盖，直径3.0米，直径1米转台一块，6寸银边瓷器看盘，其余摆设与主桌相同。

2. 餐台设计

宴会台面设计是针对宴会主题，运用一定的心理学和美学知识，采用多种手段，将各种宴会台面用品进行合理摆设和装饰点缀，使整个宴会台面形成完美的餐桌组合艺术形式的实用艺术创造。此次设计的"冠礼宴"以深厚的中华传统文化为基础，以汲取尊师重学的思想精华，感恩父母多年辛勤养育为主题。

（1）花台设计与桌椅布置。因为我们这个宴会针对的是即将踏入社会的大学生，学生是祖国的花朵，这个年龄正是花开最艳丽的时候，所以这个中餐台面主题取名为"花开富贵"。围绕选定的主题，在主要布件颜色方面，选择亮丽柠檬黄，这是因为在中国传统文化中这款颜色属华丽富贵色。宴会台面中央摆放一个绿色的古典玉器皿，寓意国泰民安、百业兴旺、柔美如玉、刚健如金，在这里寓意家庭和睦、一帆风顺、和和美美。雍容大气的红木台面，配以高雅华贵的柠檬黄台裙加之简洁的餐具、晶莹剔透的水晶杯，营造出温馨雅致、简洁明快的气氛。桌椅材质是有传统雕刻的红木制作，餐椅选用素雅的金色椅套，并绣有一朵牡丹（图14.30）。

图14.30 "花开富贵"台面设计（诸暨开元名都大酒店提供）

（2）台布与餐巾的选择搭配。台布、餐巾、椅套均选择采用金色的丝绸，并在餐巾和椅套上绣有中国国花——牡丹，展示了中国的传统手艺，又与"花开富贵"这整个台面相呼应。餐桌以10人为一桌，餐巾分别折叠成不同形式的花样，依次取名为"并蒂莲花""荷塘月色""鱼水情深""火树迎花""双叶争辉""蝶舞蹁跹""花香簇簇""沉鱼落雁""鱼跃鸢飞""出水芙蓉"。台布与餐巾均采用金色的丝绸，上下呼应，增强桌面布件的协调性，体现了台面的艺术美感，增添了此宴的庄重沉稳。

（3）餐具用品的选择搭配。餐具不仅是客人进行餐饮消费时必需的用品，同时也可起到美化餐台、渲染主题的作用。"冠礼宴"是中式宴会，且主题传统，有强烈的文化特色，因此选择比较优雅的骨瓷餐具，在颜色方面为凸显古朴感，选择现代感相对不突出的本白底色，陶瓷餐盘上印有牡丹，与餐台布件协调一致，使这个台面有一种温馨典雅的气氛和美感。

（4）舞台设计。如果说鲜明主题是宴会台面设计的"魂"，那么主题插花或主题造景就是突出主题、支撑主题的"骨"。舞台是整个宴会设计的一个亮点，背景以暗黄色为主，采用古典元素，类似水墨画的屏风，极具书香气息。为方便席上所有客人能清晰看到舞台上的展示，舞台设计长10米，宽3.6米，高40厘米，下去楼梯铺红毯。舞台上放置两个红色古典花瓶，瓶表面印有金色花纹。两把椅子套上绣有金色花纹的红色椅套，与红色古典花瓶遥相呼应（图14.31）。

图14.31　舞台设计

四、环境设计

（1）我们设计的宴会厅整体环境是根据主题冠礼宴布置的，整体感觉呈现中国古典风格。

（2）整个宴会厅铺上枣红色的地毯，上面绘有古典的图案，主道路铺上鲜红色的绸缎，并在主道两旁每隔半米摆上一盆"花开富贵"的花台（图14.32），象征着大家以后美好的生活，这既符合宴会的主题又代表了老师和家长对学生的寄语。

（3）布置会场整体以金色和红色为主色调，显得既庄重美观又温馨和谐。

（4）宴会厅内台面选用金色，椅套选用白色，并在椅背后面挂上红色的盘长节，使金、白、红三色互相辉映，显得朝气蓬勃，热闹非凡。

（5）宴会厅大门入口处两边挂上红色的灯笼（图14.33），把签到席设在入口右手边，整个席面采用大红色，桌上摆放"一帆风顺"的花台（图14.34），让席面的布置应和着主题的风格，极具古典特色。签到席旁边放置一块印有宴会流程图和活动的KT板。这样的设计既方便主办方引导客人入宴会厅，又让客人更好地了解宴会流程和活动。

（6）宴会舞台设计长10米，宽3.6米，高40厘米，楼梯铺上红色地毯。舞台上的两把椅子是为了学生给老师和家长敬茶而设置的。舞台背景是采用古典元素，类似水墨画的屏风，感觉既有书香气息，又有美感，很符合此次宴会的主题（图14.35）。

（7）宴会中整个餐桌排列呈现出双V字型，仿佛两只鸟儿向我们张开翅膀迎面

此花台是摆放在主道路两旁，每隔半米摆上一盆"花开富贵"的花台，象征着大家以后美好的生活，这既符合宴会的主题又代表了老师和家长对学生的寄语。

图14.32 "花开富贵"花台

此灯就是挂在宴会厅入口处的两盏喜迎四方宾客的吉祥幸福灯，它拥有吉祥如意、幸福美满的寓意。红色与黑色的经典结合，突出古典的宴会主题。

此"一帆风顺"的花台，仿佛象征着以后大家的道路都顺顺利利，无波无痕。它放置在红色的签到席上，让它应和着主题的风格，极具古典特色。

图14.33　灯笼

图14.34　"一帆风顺"花台

此花艺造型是挂在舞台两边的，以绿色来衬托红色，即绿叶配红花。

图14.35　宴会舞台花艺造型

飞来（图14.36）。其实餐桌这样排列的背后有两层深厚的含义：第一对翅膀代表的是父母关爱的怀抱，我们作为子女一出生就在父母的庇佑下快乐地成长，遇到任何困难父母都会无条件地张开翅膀保护我们，关心我们。第二对翅膀代表的是老师对我们的关心和期望，在漫长的求学道路上老师为我们遮风挡雨，指引我们前进的道路。

（8）宴会正式开始前，古典音乐表演者演奏迎宾曲，欢迎客人的到来，全程古典音乐表演者会根据宴会的进度演奏相应的乐曲，并配合灯光师的灯光效果。

（9）灯光师会根据宴会会场温馨的主色调随时变换舞台灯光，活跃现场的气氛，

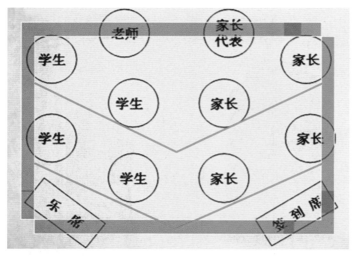

图 14.36 宴会餐桌排列

此灯是主桌上方的红色金典流苏灯，它象征富贵、喜庆、热闹的氛围。

图 14.37 灯彩设计

调动大家的积极性，更好地配合和凸显整个宴会的气氛（图14.37）。

（10）宴会会场墙壁上会挂上有牡丹的中国画和学生们的照片，一来可以与舞台背景相呼应，二来可以配合古代服饰表演。

在整个宴会厅的墙壁上均匀地挂上以"牡丹"为主的中国画，牡丹是中国的国花，彰显雍容、华贵、典雅的气质。在壁画中间贴上平日里学生们在学校里学习、生活、工作的照片，以供家长了解自己子女在学校里的风采（图14.38、图14.39）。

图 14.38 国色天香 富贵牡丹

图 14.39　花开富贵

五、服务流程设计

1. 热情迎宾

迎宾员提前5—10分钟在宴会厅门口迎候客人，值台服务员站在各自负责的餐桌旁准备侍候。

2. 接挂衣帽

在宴会厅房门前放衣帽架，主动上前征询客人意见，安排服务员照顾宾客宽衣并接挂衣帽，贵重物品请宾客自己保管。

3. 引领宾客

走在宾客前侧方，保持一定距离，将宾客引领到签到处和入座处。

4. 拉椅让座

用双手和右脚尖将椅子稍稍撤后，然后徐徐向前轻推，以先女宾后男宾、先主宾后顺序照顾宾客入座。待宾客坐定后，即把台号、席位卡、花瓶或插花拿走。

5. 问茶上茶

询问宾客是否需要用茶，征得宾客同意，从右侧按顺时针方向为宾客上茶。

用来上茶的碗用枣红色的木质材料制成，浑然天成，简单、古朴、典雅，与我们宴会设计中的红色主色调相辉映，融入宴会的主题（图14.40）。

图 14.40　盖碗

6. 为客斟酒

根据宾客的要求斟倒各自喜欢的酒水饮料，从右侧按顺时针方向为宾客上茶，如宾客提出不要，将宾客前的空杯撤走。

7. 上冷盘

服务员上冷盘（吉祥八味），每上一种菜肴时，为宾客报上菜名。

8. 上热菜

先上4道菜，然后两道主菜（冠礼宴宾和冠笄礼宾），主菜推出20分钟后举行冠礼仪式，同时古典音乐表演开始，为仪式拉开序幕。仪式结束，两道菜后，开始娱乐活动，活动期间，陆续上菜。

9. 上点心、甜品

展示点心、甜品，为宾客报名称。

10. 上水果拼盘

为宾客呈上水果拼盘。

11. 学生自由发言

表达自己对人生的憧憬或对父母老师的感恩等。

12. 结束

主办人（老师、家长）寄祝福语，主持人致结束语

冠礼仪式流程如下。

（1）衣服的摆放次序：深衣、澜衫、公服；要加的冠，依次是：幅巾、儒巾、幞头。分别叠好，置于几案（图14.41、图14.42）。

（2）加冠的人依次从几案上取走深衣、澜衫，去东边更衣房换上。

（3）待加冠者全部穿上，集体到齐，由司仪宣布"成人冠礼仪式正式开始"。

（4）宾盥：老师洗手做准备，为加冠者加冠。

（5）冠者转向东正坐；司仪奉上小巾，老师接过，走到冠者面前，为冠者穿上元服，

图14.41 冠礼服饰（一）

图14.42 冠礼服饰（二）

戴巾,戴冠帽,高声吟颂祝辞:"现在起,你是一个真正的男子汉大丈夫,开始做一个有担当的人。"然后起身,回原位。

(6)冠者面向宾客,向来宾展示。

(7)一拜:冠者分别轮流向坐在舞台中央的父母,行正规拜礼,然后敬茶叩谢,以表多年养育之恩(男女奉茶的茶碗不同,男生用宝蓝色盖碗,整个碗面以宝蓝色为主,十分典雅,碗壁夹杂着中国古典元素,韵味十足。女生用大红色盖碗,整个碗面以大红色为主,碗壁上绽放着金色牡丹,使整个盖碗显得十分华贵大方)(图14.43、图14.44)。

图14.43　盖碗(一)

图14.44　盖碗(二)

(8)二拜:冠者向主桌上的老师,行正规拜礼,以谢多年教育之恩。

(9)三拜:冠者向在座所有来宾拜礼,表达感谢之情。

(10)奉饭:司仪奉上饭,冠者接过,象征性地吃一点。

(11)冠者揖谢:冠者分别向在场的所有参礼者行揖礼以示感谢。

(12)冠者聆训:冠者于席跪于父母面前,由父母对其进行教诲,冠者静心聆听,后拜礼谢恩。

(13)礼成:冠者与父母并列,全体起立。司仪向全体参礼者宣布:冠礼已成,感谢各位宾朋嘉客盛情参与。父母与子女向全场宾客再行揖礼表示感谢。

(14)至此,冠礼结束。

古代服饰表演:学生们穿上明朝时期各式各样的服饰,展示那个时期社会各阶层(皇帝、文武官、士庶、公主、皇子等)所穿的衣服。

明朝各阶级人士时所穿的服饰如图14.45—14.52所示。

图 14.45　皇帝冠服之衮服

图 14.46　皇帝冠服之燕弁服

图 14.47　婚礼冠服之新娘

图 14.48　皇太子妃冠服之翟衣

图 14.49　皇妃冠服之襦裙

图 14.50　文武官冠服之斗牛服

图 14.51　文武官冠服之飞鱼服

图 14.52　士庶巾服之围裳

参 考 文 献

1. [美] Anthony J. Strianese，[美] Pamela P. Strianese.餐厅服务与宴会操作（第3版）[M].北京：旅游教育出版社,2005.

2. [美] 布纳德·斯布拉瓦尔（Bernard Splaver）等.宴会设计实务（第3版）[M].大连：大连理工大学出版社,2002.

3. 陈光新.中国筵席宴会大典[M].青岛：青岛出版社,1995.

4. 陈金标.宴会设计[M].北京：中国轻工业出版社,2002.

5. 陈永清.筵席知识[M].北京：中国轻工业出版社,2001.

6. 程清祥.北京饭店的宴会[M].北京：经济日报出版社,1989.

7. 丁应林.宴会设计与管理[M].北京：中国纺织出版社,2008.

8. 黑龙江商学院旅游烹饪系.中国宴会筵席摆台艺术[M].哈尔滨：黑龙江科学技术出版社,1998.

9. 刘根华,谭春霞.宴会设计[M].重庆：重庆大学出版社,2009.

10. 刘澜江,郑月红.主题宴会设计[M].北京：中国商业出版社,2005.

11. 吕建文.中国古代宴饮礼仪[M].北京：北京理工大学出版社,2007.

12. [美] 玛格丽特·维萨（Margaret Visser）.餐桌礼仪 文明举止的起源、发展与含义[M].北京：新星出版社,2007.

13. [英] 尼科拉·弗莱彻（Nichola Fletcher）.查理曼大帝的桌布 一部开胃的宴会史[M].三联书店,2007.

14. [美] 普雷斯顿·贝利（PrestonBailey）.世界顶级花艺师Preston Bailey主题宴会的视觉冲击[M].北京：东方出版社,2014.

15. 全国旅游职业教育教学指导委员会.餐饮奇葩 未来之星教育部高职中餐主题宴会摆台优秀成果选集[M].北京：旅游教育出版社,2015.

16. [英] 斯特朗（Strong, R.）.欧洲宴会史[M].天津：百花文艺出版社,2006.

17. 王赛时.唐代宴会的设计风格与娱乐助兴[J].饮食文化研究,2005,16（4）：20-35.

18. 伍福生.宴会策划指南[M].广州：中山大学出版社,2005.

19. 许磊.西餐宴会[M].北京：中国轻工业出版社,2013.

20. 叶伯平.宴会概论[M].北京：清华大学出版社,2015.

21. 周妙林.菜单与宴席设计[M].北京：旅游教育出版社,2005.

22. 周宇,颜醒华.宴席设计实务[M].北京：高等教育出版社,2003.

23. 周泽智.周泽智高端婚礼宴会创意与设计 绽放的奇迹[M].北京：东方出版社,2014.

图书在版编目(CIP)数据

休闲宴会设计：理论、方法和案例/潘雅芳主编. —上海：复旦大学出版社，
2016.8(2019.8 重印)
（复旦卓越·21 世纪酒店管理系列）
ISBN 978-7-309-12361-6

Ⅰ. 休…　Ⅱ. 潘…　Ⅲ. 宴会-设计-高等职业教育-教材　Ⅳ. TS972.32

中国版本图书馆 CIP 数据核字(2016)第 136696 号

休闲宴会设计：理论、方法和案例
潘雅芳　主编
责任编辑/岑品杰　王雅楠

复旦大学出版社有限公司出版发行
上海市国权路 579 号　邮编：200433
网址：fupnet@ fudanpress. com　http://www. fudanpress. com
门市零售：86-21-65642857　团体订购：86-21-65118853
外埠邮购：86-21-65109143　出版部电话：86-21-65642845
常熟市华顺印刷有限公司

开本 787×1092　1/16　印张 14.5　字数 285 千
2019 年 8 月第 1 版第 2 次印刷

ISBN 978-7-309-12361-6/T·578
定价：42.00 元